Tanmay Teaches Go
The Ideal Language for Backend Developers

极简

后端开发入门之道

[加] 坦梅·巴克西（Tanmay Bakshi）
[印] 巴希尔·卡马尔（Baheer Kamal）◎著
李 媚 ◎译

清華大學出版社
北京

北京市版权局著作权合同登记号　图字：01-2021-6887

Tanmay Bakshi, Baheer Kamal
Tanmay Teaches Go-The Ideal Language for Backend Developers
978-1-264-25814-7

图书在版编目(CIP)数据

极简 Go 语言：后端开发入门之道/(加)坦梅 · 巴克西(Tanmay Bakshi)，(印)巴希尔 · 卡马尔(Baheer Kamal)著；李媚译. —北京：清华大学出版社，2024.5
书名原文：Tanmay Teaches Go-The Ideal Language for Backend Developers
ISBN 978-7-302-66263-1

Ⅰ.①极…　Ⅱ.①坦…　②巴…　③李…　Ⅲ.①程序语言－程序设计　Ⅳ.①TP312

中国国家版本馆 CIP 数据核字(2024)第 096487 号

责任编辑：郭　赛
封面设计：杨玉兰
责任校对：郝美丽
责任印制：曹婉颖

出版发行：清华大学出版社
网　　址：https://www.tup.com.cn，https://www.wqxuetang.com
地　　址：北京清华大学学研大厦 A 座　　**邮　　编**：100084
社 总 机：010-83470000　　**邮　　购**：010-62786544
投稿与读者服务：010-62776969，c-service@tup.tsinghua.edu.cn
质量反馈：010-62772015，zhiliang@tup.tsinghua.edu.cn
课件下载：https://www.tup.com.cn，010-83470236
印 装 者：三河市铭诚印务有限公司
经　　销：全国新华书店
开　　本：185mm×230mm　　**印　　张**：12.25　　**字　　数**：179 千字
版　　次：2024 年 6 月第 1 版　　**印　　次**：2024 年 6 月第 1 次印刷
定　　价：59.00 元

产品编号：095111-01

前　言

本书旨在使读者更轻松地使用和理解Go编程语言。Go作为一种编程语言，在构建时就考虑到了后端开发。随着摩尔定律的终结，更好更快的计算机已经不能满足开发的需求。因此，我们必须适应新常态——大规模、分布式系统、运行高度优化的软件栈。

这些分布式系统有着完全不同的硬件体系，也使得软件领域需要进行创新与改变。现代软件系统正在远离大型而单一的设计。相反，它们由许多较小的微服务组成，支持跨项目的代码重用和委托——所有这些都要求代码更干净。

随着软件领域的发展，对支持这种变化的基础设施的需求也在增加，从而产生了各种新的编程语言，这些语言是全新的，可以满足这种需求。Go就是其中一种语言，它具有适合基于微服务进行软件开发的特性，如较快的编译速度、较小的二进制文件和良好的可移植性。Go还有一些其独有的特性，例如Goroutine(并发执行的活动)和Channel(活动之间的连接)，它们可以实现强大且易于使用的并发程序。

Go是后端开发中许多基础服务背后的引擎，例如Kubernetes、Docker、etcd、CockroachDB等。通过使用这些主流工具已经内置的相同语言,代码会更相似,并可以更好地使用基于企业级后端开发的开放源码的大型生态系统。

通过本书,我们希望读者能成为 Go 开发者,这样他们就可以利用 Go 作为解决问题的一个工具。但 Go 不仅仅是一种工具,它更是一种可以解决企业级问题的工具。因此,Go 是编写代码的首选语言。

我们的目标不仅仅是教授 Go 语言,而是教授一种方法。在每一步中,都将 Go 与用于类似任务的其他主流编程语言(如 Swift、C、Python 和 Java)进行比较,甚至深入到操作系统和 CPU 级别,从而展示这些语言是如何与计算机的硬件和软件交互的。这样做的目的有两点:

(1) 我们希望帮助使用其他语言的开发人员可以更容易地过渡到使用 Go 语言。

(2) 我们希望帮助读者更好地理解 Go 适合哪些任务,不适合哪些任务,以及它在内部是如何工作的和为什么是这样工作的。

著　者

2024 年 2 月

目　录

第 1 章

为什么使用 Go

欢迎翻开《极简 Go 语言》！在本书中，你将了解 Go 语言的编程世界。Go 语言是一种以安全性、性能、灵活性和并发性为设计理念的编程语言，它的设计初衷是满足后端开发的需求，而在后端开发中，Go 也实现了其最大价值。

阅读本章后，可以得到以下问题的答案。

- Go 语言的设计目标是什么？它的缺点是什么？
- Go 支持哪些平台？可以在哪里使用？
- 为什么 Go 的编译器如此特别？
- 什么是 Go 的内存管理和垃圾回收器？
- 并发为何能使 Go 的运行时如此独特？

1.1 Go的设计目标

Go 是一种为特定目的而构建的语言，即简化后端开发的整个工作流程——从执行速度、编译速度、依赖关系管理到并发性和优化。为了实现这一愿景，Go 语言的开发团队构建了以关键设计目标为导向的语言规范。

Go 是 Google 公司于 2009 年开发的，其第一个稳定版本于 2011 年向公众发布。Go 语言是由 Robert Griesemer、Rob Pike 和 Ken Thompson 设计的，并以其吉祥物"地鼠"而闻名，如图 1.1 所示。

图 1.1　Go 的吉祥物"地鼠"

Go 的出现是为了解决 Google 公司面临的一系列问题。例如，在编译方面，大多数编译器都太慢了，无法在合理的时间内编译 Google 的大型代码库。

在实现方面，C++ 这样的语言太低级且烦琐，而 Java 这样的语言又太高级且重量级(具有 JVM 的包和垃圾回收器引入的延迟)。

Google 认为解决这些问题的最好办法就是开发自己的语言！

Google 对 Go 的设计目标如下：

(1) 创建一个编译器，使其尽可能快地在大型代码库上工作；

(2) 创建一个编译器，使用一组良好的优化方法快速生成代码。

Go 的编译器已被证明非常快。为了实现快速编译，其编译器具有以下主要特征：

(1) 对代码的要求异常严格。例如，未使用的变量和导入是错误，而不是警告。

(2) 编译器架构简单。例如，大多数优化发生在编译的汇编代码上，而不是在 Go 代码的内部表示（如 Swift、C、C++ 使用 LLVM 编译）。

（3）直接生成二进制形式的汇编文件，而不是生成文本并编译为二进制。

编译器不仅速度快，而且由于语言的构建方式，它还能够生成快速运行的代码。通过简化语言特性和语法，编译器中的优化器可以减少分析复杂控制流和逻辑的工作量，这意味着 Go 代码有时会非常简洁，而且可以很快地生成快速编译的代码。

同时，由于编译器的严谨性，也带来了一定的安全性。在更复杂的语言中，例如 Swift，它们以类良好的安全性而闻名，实现这种安全性需要在编译器中增加相当多的额外开销，在运行时也需要一些开销。但是，由于 Go 的语法非常简洁，因此在编译和运行时都很容易保证其安全性。

1.2 Go 的使用平台

Go 在各种平台上可以实现高度兼容。例如，Go 支持：

（1）Linux；

（2）BSDs（Berkeley Software Distributions，伯克利软件套件），DragonFly BSD，FreeBSD，OpenBSD，NetBSD，Darwin，macOS，iOS，watchOS，tvOS 等；

（3）Plan 9；

（4）IBM i；

（5）Solaris；

（6）Windows。

Go 不仅支持多种操作系统，还支持多种 CPU 架构。

（1）x86/x86_64：当今最主流的 CPU 架构。

（2）ARM/ARM64：这是一种为移动系统设计的架构，可能成为高性能计算的主流。

（3）MIPS：一个非常简单的 ISA，并不常见。

（4）IBM PowerPC：IBM 的企业级 RISC CPU 架构，以加速器的高速 I/O、性能和大规模并行计算而备受关注。

（5）IBM Z：IBM 推出的企业级 CISC CPU 系列（在大型机中），具有极高的冗余、可靠性和良好的性能。

（6）RISC-V：几乎是全新的 CPU 架构，目前市场上只有一款芯片，由 SiFive 设计。

如果 Go 能支持 RISC-V 和 IBM Z，那么相信它一定能满足你的使用需求。

1.3 Go 的编译器和运行时

人们对 Go 的一个通用评价恰恰是它构建的初衷之一——语法过于简单。事实上，有一个著名的笑话——Go 语言的设计者忽略了 1980 年以后发明的所有编程语言技术！尽管这是一种缺乏现代感的代码表示方式，但是 Go 却支持一些最新的软件，如 Docker、Kubernetes、Terraform、CockroachDB 等。

Go 如此普及的一个主要原因得益于它的性能。Go 的设计方式可以使程序员自己编写快速代码。例如，你可以使用 C 语言处理指针和手动管理内存，或者将这些抽象出来，让 Go 管理内存。

具体来说，Golang 使用垃圾回收器（Garbage Collection，GC）进行内存管理。在编程语言中，有四种主流的内存管理方法。

（1）无垃圾回收：这是 C 语言采用的方法，在这种方法中，需要手动执行所有操作。

（2）垃圾回收器：这是目前最常用的方法，但不幸的是，当涉及程序性能时，这通常是折中的方法（当然，每个规则都有例外，这只是一般情况）。Java 和 Kotlin（通过 JVM）、Python、C＃、Go、JavaScript、Lisp、Ruby 和 Julia 均使用垃圾回收器，它的工作方式是：每隔一段时间，垃圾回收器就会启动并查找不再有任何引用的内存，如果没有引用，则表示程序不再使用它，它就可以被删除。该方法的主要问题是：当应用程序必须停止运行并回收垃圾时，它会在程序中引入短暂的“暂停”（halts）。暂停具有不确定性的，如果不显式检查，就不能完全确定应用程序实际拥有的内存，甚至无法预测应用程序何时会因为垃圾回收而停止运行。

（3）自动引用计数（Automatic Reference Counting，ARC）：该方法通常是性能、平滑性（无抖动）和易于实现之间的最佳平衡。当创建一个新对象时，还会随之创建一个引用计数器；当将引用传递到某处的对象时，计数器都会递增；当引用超出作用域时，计数器就递减；当计数器递减时，会检查计数器是否为 0，如果为 0，则释放内存，因为最后一个引用已经超出了作用域。Swift 和 Objective-C 语言均使用这种方法。然而，有时需要注意循环引用（reference cycles），它可能导致内存永远不会被释放。但使用一些简单的检测工具就能克服这一点，并且很容易使用弱变量（weak）和无主（unowning）变量进行修复。

（4）编译时所有权消歧（Compile-Time Ownership Disambiguation）：顾名思义，这种方法真正关注性能和安全性，同时比完全手工管理内存的方法要更方便。Rust 语言就使用了这种方法。这种技术使得编译器可以在编译代码时确定何时需要分配或释放内存，这在编码上可能有些复杂，因为编译器必须设置更多约束以消除内存所有权的歧义。然而，对于 Rust 语言来说，这是值得的。

你可以从网络上找到许多关于“哪种内存管理技术最好”的观点，但归根结底是实现。例如一些特殊的场景，如英特尔的开源用户空间网络驱动程序是以一种针对特定类型的内存管理进行优化的方式构建的，这使得 Swift 这种使用 ARC 的语言会非常慢。一般情况下，GC 通常是最慢、最不稳定和最不方便的。然而，这只是一般情况，还有一些例外，例如 Go 中的 GC。

事实上，Go 的 GC 是很高效的，在程序执行期间通常没有明显的抖动，甚至可以与 Swift 的 ARC 性能媲美。

1.4　并发性

我们刚刚已经谈及 Go 语言的优势，但它还有一个最重要的特征，那就是简单和强大的并发性。

摩尔定律正在缓慢但坚定地走向终结，目前，最好的解决方案是多进程，即单个芯片可以并行执行多组指令。然而，运行这么多的“内核”会很困难，因为需要确保让它们工作饱和，而不只是被动地等待系统调用、内存访问等。

为了使多进程变得更容易，操作系统中有一个名为“线程”的概念。在大多数兼容 POSIX 的平台上，线程都是进程的一部分，并且有其自己的堆栈指针。在其他系统（如 Windows）上，线程是它们自己的进程。你可以在内核中运行数百个线程，但问题是，这些线程是相对重量级的。例如，在具有 44 个线程的 22 核系统上，你可以在 Linux 上扩展到数千个 OS 线程。但是，当达到更大的规模时，Linux 的完全公平调度程序（Completely Fair Scheduler，CFS）在线程之间进行切换时的开销会大得难以令人接受。

为了解决这个问题，Go 引入了 Goroutine 的概念。Goroutine 是一种超轻量级的类似线程的执行环境，它是由 Go 的运行时处理的，而不是由操作系统处理。Goroutine 映射到 OS 线程，然后映射到 CPU 线程，从而能够运行数百万个 Goroutine，同时不会牺牲太多的性能。

现在，我知道你肯定在想“这使用起来一定很痛苦!”。而事实恰恰相反，在 Go 中实现 Goroutine 比在 Swift 中使用 Grand Central Dispatch 中的 Jobs 要容易得多。Goroutine 实际上只是一个语法标记，它可以告诉 Go 在单独的 Goroutine 中执行一个函数。

为了在 Go 程序之间实现高性能的通信，Go 提供了通道 channels，使得程序之间的通信变得非常简单和快速。

这两个特性在其他语言中非常受欢迎，例如 Swift 和 C。实际上，在其他语言中也有相当多的 Goroutine 和 channels 的开源实现，但还没有真正能与 Go 中的实现相匹配的 Goroutine 和 channels。

事实上，Go 是 Docker 和 Kubernetes 等常见服务的后端，并且 Go 可以通过 Goroutine 进行扩展，再加上它支持很多架构且是轻量级的，故使其成为构建微服务的完美语言，可以为大型复杂服务提供支持。

最后，Go 还有几个并不独特的优点，但它们可以使 Go 编程变得更加方便。

(1) Go 不仅支持众多的体系结构和操作系统，还可以交叉编译任意体系结构，只需要从任一体系结构中额外传递几个编译标志给 Go，而不需要安装额外的库。例如，如果使用 Clang，在 Ubuntu 上，你就会被困在 Aptitude 依赖中。

(2) Go 具有实验性的 LLVM 后端，能够将 Go 代码编译为 LLVM，从而使你的用例可以受益于模块化 LLVM 编译器的优化或灵活性。

前面的内容仅仅是对 Go 语言的简单介绍。在第 2 章中，我们将学习如何安装 Go，看看一些基本的 Go 结构，掌握 Go 的标准和语法，并开始构建一些应用程序。

第2章 快速入门

让我们开始学习有趣的内容吧！在编写代码之前，我们先要搭建一个可以编写、编译和运行 Go 代码的环境。

设置好环境后，我们将学习 Go 语言的一些基本构建块，例如不同类型的控制流，以及它们之间的协同工作。

阅读本章后，可以得到以下问题的答案。

- 如何在 Windows、Linux 或 macOS 平台上安装 Go？
- 如何从源码中安装 Go？
- Go 中的基本控制流是如何工作的？

2.1 安装Go

与大多数语言一样，在系统上安装Go就像运行几个系统命令一样简单。我们将探究安装Go的3种方式：

(1) 使用系统包管理器进行安装；

(2) 安装预编译的二进制文件；

(3) 从源码中安装Go。

2.1.1 使用系统包管理器安装Go

像安装其他程序一样，安装Go最简单的方法是使用系统内置的包管理器。Windows没有提供功能齐全的内置包管理器，这也是它不能成为后端开发人员的常用系统的原因之一。然而，在Linux和macOS平台上，可以使用表2.1所示的包管理器和命令安装Go。

表2.1 使用内置包管理器安装Go的命令

OS/包管理器	安装命令
Ubuntu/Aptitude	sudo snap install golang --classic
macOS/Homebrew	brew install go

包管理器的发行版只有社区支持，而没有Go团队的官方支持。虽然这种方法很方便，但对于实际项目，可能需要一个特定版本的Go，例如下载预编译的二进制文件。

2.1.2 安装预编译的二进制文件

安装预编译的二进制文件的过程取决于运行的平台。我们将以

Ubuntu和macOS为例，如果你想了解其他特定平台的安装说明，请访问Go网站https://golang.org/doc/install。

安装预编译的二进制文件的过程可以归纳为以下步骤：

(1) 下载二进制文件；

(2) 提取二进制文件；

(3) 更新PATH以使shell能够找到二进制文件。

你可以从网址https://golang.org/dl中下载Go及其配套工具。

对于Linux，在下载之后，你会获得一个tar.gz文件。以下命令是一种提取方法：

```
tar -xvf go1.14.6-linux-amd64.tar.gz
```

> 备注：我们硬编码到前面命令中的版本1.14.6，需要根据下载的版本或存档的名称进行替换。

此命令将为你创建一个go文件夹，其下是一个bin文件夹，其中包含go二进制文件，这是一个与Go相关的工具。但是，每次都使用绝对路径手动调用Go的二进制文件非常不方便。因此，在提取时请使用以下命令：

```
tar -C /usr/local -xvf go1.14.6-linux-amd64.tar.gz
```

此命令将压缩并移动go文件夹到/usr/local目录下。接下来，将以下内容添加到$HOME/.profile文件中。

```
export PATH=$PATH:/usr/local/go/bin
```

至此，你就能够通过在终端中输入“go”来访问go二进制文件了。

2.1.3　从源码中安装 Go

从源码构建 Go 编译器和工具的方法要复杂得多，其中一个原因是 Go 是用 Go 本身编写的，这就导致了一个“先有鸡还是先有蛋”的问题。因此，就像使用 C 编译器一样，你必须使用旧版本的 Go 编译器“引导”Go 编译器的编译。

> 备注：为了向你证明 Go 编译器是世界上最快的代码编译器，它使用 Go 语言编写而成！这只是开发者为了表明他们实现了最初的目标。

从技术上讲，还有另一种可以在不使用旧版本的 Go 编译器的情况下编译 Go 的方法：使用实现与 Go 语言规范相同的不同编译器。当我们提到 Go 时，通常指的是 GC，它代表“Go 编译器”，但它实际上指的是“Go 语言规范”。例如，在“GC”的第一个版本被编写出来之前，你必须使用 GCCGO，这是一个 GCC(GNU C 编译器)的 Go 语言前端，这个前端依然在维护中(尽管比 GC 早几个版本)，并且可以用来编译 GC 本身。

到目前为止，GC 更多地关注于快速编译代码，虽然它通常能够输出非常高质量的机器代码，但在某些情况下，迭代次数很多的循环或性能敏感的代码可能需要耗时且更优化的编译器进行编译。例如，GC 不支持尾部调用优化，这使得 Go 中的一些递归算法的运行速度较慢。对于这些类型的代码库，你可以使用 GCCGO。

要了解如何从源码中编译 Go，请访问地址 https://github.com/golang/go/wiki/InstallFromSource。

2.2 Go 的基本概念

是时候深入学习需要实际使用的一些核心概念了。作为 Go 开发人员，你每天都会用到这些概念，包括基本控制流、项目结构、用于更高级特性（如函数和结构）的语法，以及错误处理。

2.2.1 常规项目结构

与其他语言不同，Go 没有非常严格的项目布局方式。然而，大多数项目都会遵循一些标准，这些标准使开发人员可以更容易地理解代码库的结构方式和代码的功能。

你可以在 GitHub 存储库 https://github.com/golang-standards/project-layout 中找到关于此官方标准的更多信息。

在谈及项目布局之前，你需要先了解一个重要的术语：包。Go 包是一个源码文件，这些包的包名与文件名相同，且没有文件扩展名。

例如，对于源文件 main.go，包名是 main，它在文件的第一行声明为以下有效的 Go 语法：

```
package main
```

回到目录结构中，简而言之，表 2.2 是你现在需要知道的目录结构。在接下来的几章中，当涉及更多的功能时，我们将讨论更多会在项目中使用的目录。

表 2.2　默认 Go 项目结构中的文件及文件夹的作用

项目根目录下的路径	作　用
/vendor	此目录存储项目的依赖关系。它可以通过运行“go mod vendor”命令自动创建。某些集成开发环境，如 IntelliJ，可以与该目录集成以提供依赖关系的管理功能
/internal	此目录用于存放人们不希望使用的代码。例如，如果你正在开发一个库，并且希望一组特定的 API 保持私有（使用库的用户不能调用这些 API），那么标准的做法是将这些代码放在这个目录中。程序中可以有多个 internal 目录，它们分布在不同的模块中
go.mod	这不是一个目录，它是项目文件夹顶层的一个文件。这个文件被称为 Go 模块文件，它存储了代码中各个包之间保持一致的信息。例如，包含创建的包的模块名称、用于编译包的 Go 语言版本，以及为代码获取的依赖项及其版本信息
go.sum	这也是一个文件。在这个阶段，理解这一点并不重要，它包含特定模块版本内容的加密散列（cryptographic hashes），可以帮助 Go 检测某个依赖项的损坏或任何意外内容

现在你对 Go 代码的结构已经有了更多的了解，让我们开始学习一些语法吧！

任何编程语言的语法的基本构建块都是用于构建表达式的标记（tokens）。在编程语言中，有些标记是保留关键字，这意味着你不能将它们用作变量或函数的名称，这是因为这些标记对于 Go 编译器实际解析代码是不可或缺的。表 2.3 列出了 Go 中所有的保留关键字。

表 2.3　Go 中的保留关键字

break	struct	range
default	chan	type
func	else	continue
interface	goto	for
select	package	import
case	switch	return
defer	const	var
go	fallthrough	
map	if	

现在，让我们开始用一些 Go 语法编写程序吧！

2.2.2　第一个 Go 程序——Hello，World！

首先，让我们看一个简单的程序，它一定可以让你对 Go 产生好感。按照编程传统，让我们先来实现“Hello，World！”程序。

在名为 helloworld 的新目录下创建一个名为 main.go 的新文件，你的目录结构应该是这样的：

```
/helloworld
    main.go
```

在 main.go 文件中输入以下代码。

代码清单 2.1　在 Go 中实现的“Hello，World！”程序

```
package main

import (
    "fmt"
)
func main() {
    fmt.Println("Hello, World!")
}
```

这就是全部代码！如果回到终端，就可以进入 helloworld 目录并执行命令：

```
go build
```

现在，在同一目录下应该有一个名为 helloworld 的可执行文件。换句话说，你已经创建并编译了自己的第一个 Go 应用程序，现在就可以运行它了！在类 UNIX 系统中，你可以像这样调用（或“运行”)它：

```
./helloworld
```

可以看到以下输出结果：

```
Hello, World!
```

这个程序确实有效,但它是如何工作的呢？让我们来一步一步地分析源码,如表 2.4 所示。

表 2.4　“Hello，World!”代码中每部分的功能

代码片段	功　能
`package main`	如前所述,Go 代码被组织成“包”,每个文件代表一个包。这行代码说明 main.go 文件包含一个名为 main 的包

`import (`
`    "fmt"`
`)`
	Go 用于打印标准输出(stdout)的内置函数能力非常有限,并且不经常使用。因此,我们导入了一个具有更强大打印功能的模块。这个模块是内置的,称为 fmt,代表 Format。这段代码将帮助我们导入 fmt。稍后,我们将看到导入多个模块的语法

`func main() {`
`    fmt.Println("Hello,World!")`
`}`
	这是 main 函数,它充当应用程序的入口。其中,我们只执行一个表达式。我们告诉 Go 从 fmt 模块中找到 Println 函数,然后调用它,并将" Hello, World!"字符串作为唯一的参数传递给它

备注：你可能已经注意到 Go 语法的一个不同之处,那就是 Println 函数的第一个字母是大写字母,这其中有一个相当有趣的原因,我们稍后揭晓答案。

2.2.3　变量

Go 语言是静态强类型的，这有两层含义。

(1) 编译器不会以“隐含”的方式自动将变量从一种类型转换为另一种类型。即使是将 32 位整数转换为 64 位的整数转换，也必须手动完成。

(2) 编译器会尝试在编译时确定变量的类型，而不是由用户自己指定类型。然而，Go 不像 Swift 那样可以以更高级的方式进行“类型推断”，同样，这是因为编译器想要尽可能地快。

Go 允许编译器确定类型并避免手动标注，除非有必要，例如告诉编译器不要使用直接从某个数值转换的类型(如“对于这个数字，请不要使用默认的 64 位整数，而是使用 8 位整数”)。在后续的学习过程中，你将看到这种手动标注的多个示例。

让我们从全局变量开始探索变量的世界。全局变量可以是以下两种类型之一：静态变量或常量。静态全局变量可以这样声明：

```
var age = 16
```

这个表达式有两层含义。它首先声明了一个名为 age 的全局静态变量，然后用值 16 初始化该变量。在本例中，初始化和声明可以一起进行，将该变量标记为 int 类型。但是，如果你不想初始化变量值，只是想声明一个全局静态变量，那么你必须显式地声明变量的类型，如下所示：

```
var age int
```

但这不是一个好的做法，你也可以结合使用这两种方法，显式地声明变量的类型，并赋给变量一个初始值：

```
var age int = 16
```

因为它是一个全局静态变量，所以是可以改变的。如果有以下这样一个程序：

代码清单 2.2　获取和设置全局静态变量

```
package main
import (
    "fmt"
)
var age = 16
func main() {
    fmt.Println(age)
    age = 24
    fmt.Println(age)
}
```

你会看到如下输出：

```
16
24
```

需要注意的是，在很多 Go 程序中，你将看到许多变量、函数和结构体的名称以大写字母开头（并遵循 Upper Camel Case 标准），例如，用 var Age int 代替 var age。为什么是这样呢？

这是因为首字母的大写是 Go 执行访问控制的方式。在其他语言中，如 Swift 和 Java，你必须用 public、private 和其他访问控制关键字修饰符号（如函数和变量名），以使编译器强制执行某些可以访问和不能访问的变量和函数。然而，在 Go 中没有用于访问控制的修饰符。第一个字母的大写本身就决定了变量是 public 的还是 private 的。如果是大写，就是 public 的；如果是小写，就是 private 的。

> 备注：这个规则无疑是有争议的，因为决定你的代码是否可以公开访问是与代码的风格选择有关。

许多语言都喜欢以自己的方式执行访问控制，Go 在这方面并没有太大的变化。例如，Python 鼓励鸭子类型(duck typing)，这意味着它根本不会强制执行这些规则。

关于变量相关的语法，还有一件事需要了解：如果你想一次性地初始化多个变量，则不需要多次重复 var 关键字，只需要这样写：

```
var (
    name1 = "Tanmay Bakshi"
    name2 = "Baheer Kamal"
)
```

这样就可以把上面这两个字符串声明并初始化为全局变量。你甚至可以像下面这样混合匹配类型：

```
var (
    name1 = "Tanmay Bakshi"
    age = 16
)
```

注意：每行末尾没有逗号，赋值本身就充当变量之间的分隔符。

现在你已经知道了如何使用全局静态变量，接下来让我们看一下全局常量。常量，顾名思义，是肯定不能修改的。在像 Go 和 Swift 这样非常重视安全性的语言中，你不能使用任何方法修改常量，例如"获取一个指向常量的指针，并以这种方式修改它"，因为编译器不允许你这样做，这使得编译器在运行优化(如常量折叠)时是完全确定的，其会预先进行一些计算以避免在运行时执行它们。

通过将变量声明中的 var 替换为 const 来创建全局常量。可以这样使用：

```
const name1 = "Tanmay Bakshi"
const name2 string = "Baheer Kamal"
```

这两种方法都是有效的，但是第一种依赖于类型推断，第二种需要手动标注类型。对于 Go 编译器，这个例子中的类型是 string。请记住，变量可以声明但可以不初始化，但全局常量既要声明也要初始化，因为将来它不能被更改。

对于某些类型，例如映射，Go 编译器不允许将这些类型存储在常量中，必须使用全局静态变量。

现在你已经了解了全局变量。下面让我们来谈谈局部变量。与其他语言相比，在 Go 中创建局部变量的方式完全不同，它使用了"：= "操作符。让我们先来看一个例子。

如果你想在 main 函数中创建一个局部变量并打印出来，那么可以这样做：

代码清单 2.3　函数内的局部变量

```
package main
import (
    "fmt"
)
func main() {
    name := "Anna"
    fmt.Println(name)
}
```

与其他语言相比，变量实例化看起来很奇怪，但是 main 函数中的第一行代码告诉 Go"创建一个名为 name 的变量，并在其中存储字符串字面值(literal)'Anna'"。当你将它与其他语言(如 C 或 Swift)进行比较时，会发现没有改变的是作用域，变量在它所在的代码块退出后会被删除。

"删除"这个概念有点奇怪，让我们深入研究一下。如果有一个浮点数如下：

```
price := 69.99
```

变量 price 占用 4 字节的内存，它直接包含这四个字节，就像 CPU 寄存器可以直接保存这四个字节一样。当它所在的代码块退出时，main 函数会被删除。但是，如果该变量是对另一个变量或结构的引用，则该引用将会被删除，当且仅当没有其他变量对它的引用时，才会在某时刻触发垃圾回收器以移除它引用的所有内容。

如果你想在局部声明一个变量，但不对其初始化，那么可以使用相同的全局静态变量语法：

```
func main() {
    var name string
    name = "Jackson"
    fmt.Println(name)
}
```

你甚至可以创建一个局部常量：

```
func main() {
    const pi float32 = 3.14159
    fmt.Println(pi)
}
```

我们已经介绍了一些基本的变量类型，还有一些也是你需要记住的，如表 2.5 所示。

表 2.5　Go 中常见的原生数据类型

数据类型	存储数据说明
string	文本信息
int8/int16/int32/int64	n 位有符号整数
uint8/uint16/uint32/uint64	n 位无符号整数

续表

数 据 类 型	存储数据说明
uint/int	32 位平台上的 32 位无符号(有符号)整数 64 位平台上的 64 位无符号(有符号)整数
float32/float64	n 位浮点数

当然，变量并不局限于标量，也可以创建数组。在 Go 中创建数组非常简单，就类型标记而言，它只是将数组中需要的类型附加到“[ ]”标记上。例如，对于字符串数组，将使用[]string 类型标记。

数组元素用花括号括起来，而不是方括号，数组的类型标记必须始终位于字面值内的值之前。例如，如果你想创建一个局部字符串数组，可以使用如下代码：

```
names := []string{"Tanmay Bakshi", "Baheer Kamal"}
```

如果你想手动标记类型，可以使用如下代码：

```
var names []string
names = []string{"Tanmay Bakshi", "Baheer Kamal"}
```

如果要向数组添加新元素，可以使用 append 函数：

```
names = append(names, "Kathy")
```

append 函数可以在数组末尾为新元素分配内存，然后将内存中的新空间的值传递给函数的第二个参数，接着返回一个新数组，并将其放回原始变量中。

Go 中的数组存储在一个连续的内存块中，这意味着从指向第一个元素的指针开始，你就可以访问后续内存地址中的其他元素了。

在内部，当你追加一个元素到一个数组时，Go 可能需要执行一个称为“重新分配”的操作。大多数操作系统都会尝试扩展已有的缓存，但当后续内存正在被用于其他工作而无法扩展时，为了容纳更大的数组，操作系统会分配一个全新的缓冲区并复制之前的元素，然后释放之前的缓冲区。

正如你看到的，整个运行机制非常缓慢。当已知需要多少元素，但不知道这些元素是什么时，为了使数组操作更有效，我们可以使用 make 函数在数组中分配一定数量的元素空间供用户使用，而不必执行重新分配机制。这里有一个例子：

```
names := make([]string, 3)
names[0] = "Tanmay Bakshi"
names[1] = "Baheer Kamal"
names[2] = "Kathy"
```

要记住的是，这不仅会保留数组中的空间，还会将数组的长度显示为传递给 make 的元素数量。所以，如果你创建了一个有 3 个元素的数组，并且没有设置它们的值，那么它们里面的内存就是最后存储在那里的垃圾内存。

在其他语言中，例如 Swift，当你保留内存容量时，它仍然会显示数组为空，当追加元素时，它根本不需要进行任何重新分配，直到达到保留容量数为止。为了在 Go 中实现相同的结果，对于具有一定容量的备份内存缓冲区的空数组，你可以向 make 函数传递一个 0，然后将你期望的容量值作为第三个参数传递给它。例如：

```
func main() {
    names := make([]string, 0, 2)
    fmt.Println(len(names))
    names = append(names, "Tanmay Bakshi")
    names = append(names, "Baheer Kamal")
    fmt.Println(len(names))
```

```
    fmt.Println(names)
}
```

运行上述代码,会看到以下输出:

```
0
2
[Tanmay Bakshi Baheer Kamal]
```

这表明当你调用 make 函数时,它返回的数组为空(数组的长度为0),然后向其追加一些新元素后,数组的长度变为2,可以在数组中看到追加元素的名称。

然而,这段代码的不同之处在于,这两个 append 操作都不需要分配任何新的内存,因为 make 函数使数组内部已经有了存储它们的空间。如果你从这里开始追加更多的元素,那么数组会再次进行重新分配。

在这么小的规模下,这并不是什么问题,但当开始处理数十万或数百万个元素时,节约的时间就积少成多了。

2.2.4 if 语句和 switch 语句

当然,任何编程语言都能够通过条件分支跳转到代码的不同部分。在这方面,Go 支持两种主要的条件分支:if 语句和 switch 语句。

让我们先来看一下经典的、几乎通用的 if 语句。在 Go 中,if 语句看起来与 Java、C 和 Swift 等语言中的 if 语句非常相似:

```
if <expression 1 that resolves to Boolean value> {
    <code to execute if condition 1 is true>
} else if <expression 2 that resolves to Boolean value> {
    <code to execute if condition 2 is true,
    and condition 1 is false>
} else {
```

```
        <code to execute if no previous condition was true>
    }
```

＜expression that resolves to Boolean value＞部分可以是布尔值(true，false)，函数调用会返回一个布尔值，变量或常量会存储该布尔值，或运算符调用返回的布尔值(例如，可以使用“＝＝”检查相等性，或使用“＞”和“＜”进行比较)。Go 中常见的布尔运算符和位运算符如表 2.6 所示。

表 2.6　Go 中常见的布尔运算符和位运算符

运算符	含　义
＝＝	如果左边的值和右边的值相等，则返回 true
!	一元布尔 NOT 运算符。只接收一个表达式，其右侧表达式解析为布尔值。如果右边的条件表达式解析为 false，则返回 true；如果条件解析为 true，则返回 false
!＝	如果左边的值不等于右边的值，则返回 true
＞	如果左边的值大于右边的值，则返回 true
＜	如果左边的值小于右边的值，则返回 true
＞＝	如果左边的值大于或等于右边的值，则返回 true
＜＝	如果左边的值小于或等于右边的值，则返回 true
||	如果左边的条件解析为 true，或者右边的条件解析为 true，则返回 true。如果左边的条件解析为 false，才解析右边的条件
&&	如果左边的条件和右边的条件都解析为 true，则返回 true
|	执行按位或运算
&	执行按位与运算

当然，你可以将多个布尔运算符组合起来创建一个复合条件，例如“(if country is Canada and age is greater than 17) OR (if country is Japan and age is greater than 15)”。

例如，如果我们想写一个小程序来判断某人是否是成年人，可以编写如下代码：

代码清单 2.4　在 Go 中使用 if 语句和布尔运算符

```
package main
import (
    "fmt"
)
func main() {
    age := 15
    if (age >= 18) {
        fmt.Println("Welcome!")
    } else {
        fmt.Println("You're too young.")
    }
}
```

在这个程序中,age(作为一个表达式,通过加载变量解析为整数)和 18(一个整数值)被输入“>=”运算符的两侧。运算符返回一个布尔值,然后将其输入 if 语句,由 if 语句决定代码下一步跳转到哪里。

有时,因为有太多的条件需要计算,故 if 语句会让代码变得很“丑陋”,且总是在某一个表达式中寻找匹配。

如果出现这种情况,则可以改用 switch 语句。从经验来看,switch 语句更优于 if 语句,但是编译器技术发展至今已经使这种差异所带来的影响程度最小化,且只在大多数程序员通常不太可能触及的边缘情况下才真正适用。

switch 语句能够对单个表达式进行求值,并将其相等性与许多可能的结果之一进行匹配。例如,假设我们想要查看 3 个可能的用户中哪个人输入了自己的姓名,可以利用下面的代码实现:

```
switch name {
case "Tanmay Bakshi":
    fmt.Println("Hi, Tanmay.")
case "Baheer Kamal":
```

```
        fmt.Println("Hi, Baheer.")
    case "Michael":
        fmt.Println("Michael!")
    default:
        fmt.Println("Sorry, I don't know who you are.")
    }
```

Go 的 switch 语句与 C 和 Swift 等语言中的 switch 语句非常相似。和 Swift 一样，你必须提供一个默认的 case，当没有其他 case 的条件满足时就会调用它。和 C 不同，你不需要在每个 case 的末尾添加一个 break，因为 Go 不会跳转到其他 case，而会跳转到 switch case 块之后的下一行代码。这只是一个简单的例子，通过与其他语言中的 switch 语句进行比较，你即可了解 Go 的控制流与 switch 语句的工作方式。

随后，继续在 main 函数中实现前面的 switch 语句，如下所示。

代码清单 2.5　在 Go 中使用 switch 语句检测相等

```
func main() {
    name := "Tanmay Bakshi"
    switch name {
    case "Tanmay Bakshi":
        fmt.Println("Hi, Tanmay.")
    case "Baheer Kamal":
        fmt.Println("Hi, Baheer.")
    case "Michael":
        fmt.Println("Michael!")
    default:
        fmt.Println("I don't know who you are.")
    }
}
```

运行代码，输出结果如下：

```
Hi, Tanmay.
```

这是 Go 条件语句的入门。利用条件语句，你可以根据某个条件是否满足而通过分支跳转到代码的不同部分。

2.2.5　循环

循环是编程语言提供的另一个完整的构建块。在 Go 中，循环被大幅简化。事实上，它只使用一种循环就承担了其他语言中经常看到的 3 种循环(for 循环、while 循环和 do-while/repeat-while 循环)的角色。

Go 仅使用一种循环，即 for 循环。从技术角度来讲，也可以利用 for 循环复制其他类型循环的功能，这意味着 Go 实际上是在 for 这个准则下具有多种循环，即其他语言中不同类型的循环。

让我们从经典的 for-in 循环开始。for-in 循环能够按照一定的顺序(如在数组中)循环遍历元素。下面是一个使用 for-in 循环的例子：

代码清单 2.6　在 Go 中使用 for-in 循环

```
func main() {
    names := []string{"Tanmay Bakshi", "Baheer Kamal", "Kathy"}
    for i := range names {
        fmt.Println(i)
    }
}
```

备注：你可能会想“我没有看到‘in’这个词，为什么它被称为‘for-in’循环呢?”答案很简单，循环中的“: = range”部分被看作“in”，类似于 Swift 和 Python 中的“for i in names”。

在运行以上代码之前，先来猜猜这段代码的输出是什么，是以下输出吗?

```
Tanmay Bakshi
Baheer Kamal
Kathy
```

你会这么想，对吧？这是在 Swift 和 Java 中使用类似语法所产生的输出，那么为什么在 Go 中并非如此呢？这就回到了第 1 章讨论的内容：Go 背离了相当多的语言标准。实际上，这段代码将输出以下内容：

```
0
1
2
```

这些是元素本身的索引。如果你还想获取对应的值，可以使用以下方法：

代码清单 2.7 在 Go 中使用 for-in 循环遍历索引和元素

```
func main() {
    names := []string{"Tanmay Bakshi", "Baheer Kamal", "Kathy"}
    for i, v := range names {
        fmt.Println(i)
        fmt.Println(v)
    }
}
```

现在，你会看到以下输出：

```
Tanmay Bakshi
1
Baheer Kamal
2
Kathy
```

你可能想知道：为什么 Go 是这样工作的？事实上，从技术和效率的角度来看，这是可以理解的。例如，请看下面的 Swift 代码。这段代码足够简单，即使没有扎实的 Swift 知识你一定也能理解，但我们仍会详细地解释它，以帮助你更好地理解 Go 的语法。

```
let names = ["Tanmay Bakshi", "Baheer Kamal", "Kathy"]
                          //Create an array of strings with 3 elements

for i in names {
    print(i)              //Print out each name in order
}
```

这段代码将输出每个姓名，然后是一个新行，并且不需要创建一个计数器以存储当前所在的元素。

如果你想要一个计数器，有两种方法。

一种是标准的、被普遍接受的方法，即使用 enumerated 方法：

```
let names = ["Tanmay Bakshi", "Baheer Kamal", "Kathy"]
                          //Create an array of strings with 3 elements

for index, i in names.enumerated() {
    print(index)          //Print out the index of the name
    print(i)              //Print out each name in order
}
```

还有一种不那么优雅、非标准的方法，那就是手动定义一个计数器并实现递增：

```
let names = ["Tanmay Bakshi", "Baheer Kamal", "Kathy"]
                          //Create an array of strings with 3 elements

let index = 0
for i in names {
    print(index)          //Print out the index of the name
    print(i)              //Print out each name in order
    index += 1            //Increment the index
}
```

这两种方法都涉及某种开销。标准的方法涉及对Collection协议中的enumerated的新调用,这不是非常高效的方法。

现在你可能会想,第二种方法不高效吗?是的!它并没有你想象的那么高效,这是因为当前代码中有两个计数器。

我们知道,你想说“但是我们只增加了一个计数器!”。原因是编译器为你增加了另一个计数器,这是一个内部计数器,出现在生成的机器代码中,这是因为编译器需要知道缓冲区指针的偏移量(offset),才能知道我们位于哪个元素。

尽管可以对程序员隐藏偏移变量,但不能完全删除它。Go只允许程序员访问它已有的偏移计数器,而不需要另一个计数器,从而导致效率特别低下。

然而,在某些情况下,你并不关心索引,而是只关心值。在这种情况下,即使Go可以自动检测到,但主动告诉Go“你不需要它”仍然是一个很好的做法,这样做可以帮助其他程序员更好地阅读你的代码,甚至对Go优化器也是有帮助的。

下面是在忽略索引的情况下循环遍历数组的操作:

代码清单2.8 在for-in循环中忽略索引

```
func main() {
    names := []string{"Tanmay Bakshi", "Baheer Kamal", "Kathy"}
    for _, v := range names {
        fmt.Println(v)
    }
}
```

for-in循环中下画线的作用是告诉Go“我不关心它解析成什么值,不要让我使用它。”运行以上代码,能看到输出的名字是这样的:

```
Tanmay Bakshi
```

```
Baheer Kamal
Kathy
```

既然我们已经讨论了 for-in 循环，就让我们再讨论一个相当经典的循环——C 风格的 for 循环。

C 风格的 for 循环由 3 个主要部分组成，它们在 Go 中更加灵活：一个创建新迭代器变量的表达式，一个解析为布尔值以查看循环是否需要结束的表达式，还有一个在循环迭代之间使计数器递增的表达式。下面的代码演示了如何在 Go 中使用这些循环：

代码清单 **2.9** 使用 **C** 风格的 **for** 循环

```
func main() {
    for i := 0; i <5; i++ {
        fmt.Println(i)
    }
}
```

以上代码会输出以下内容：

```
0
1
2
3
4
```

for 循环的有趣之处是它可以用来模拟 while 循环：

代码清单 **2.10** 使用 **for** 循环模拟 **while** 循环

```
func main() {
    i := 1
    for i <1000 {
        i += i
    }
```

```
    fmt.Println(i)
}
```

由于完全忽略了为 for 循环提供的第一个和最后一个表达式，它最终只检查你在中间指定的条件，因此无论出于何种目的，它都变成了一个 while 循环。该代码将输出以下内容：

```
1024
```

从技术角度来讲，for 循环还有一种用法，那就是 for 通道。通道是 Go 的一个非常独特的功能，但在此之前，我们需要先学习更多的基础知识。

2.2.6　函数

另一个可以重用代码并使其更加模块化的好方法是使用函数。函数是大多数编程语言的组成部分，Go 的函数非常有用。然而，在编写本部分内容时，Go 还缺少一个将干净、可重用和冗余较少的代码与具有较大潜在缺陷的代码区分开的关键特性，Go 语言开发人员正在开发这一特性，稍后我们会详细介绍。

你已经看到了一个 Go 中的函数示例——main 函数，如下所示：

```
func main() {
}
```

如果只运行这三行代码，即使程序什么也不做，它也将编译并成功运行，这是因为这个函数不用返回任何值，因此不需要 return 语句。需要明确指出的是，一些编程语言（如 C 语言）要求 main 函数必须返回值，以让调用进程知道程序是否成功地执行了它应该做的事情，但 Go 不是这样的。

如果你想创建一个简单的函数，让它总是返回一个常量值，例如一个 32 位浮点圆周率 pi，那么可以这样写代码：

代码清单 **2.11**　声明、定义和调用函数

```
func valueOfPi() float32 {
    return 3.14159
}
func main() {
    fmt.Println(valueOfPi())
}
```

请注意函数签名（function signature）的构建方式。返回值的类型标志直接放在函数名之后和函数块的左花括号之前。

但是，我们仍然使用了括号，其中是你可能想要传递给函数的参数。

如果你想要一个返回 pi 乘以某个非负整数的函数，可以编写如下代码：

代码清单 **2.12**　乘以一个任意常数的 **valueOfPi** 函数

```
func valueOfPi(multiplier uint) float32 {
    return 3.14159 * float32(multiplier)
}
```

请再次注意函数签名的变化，即先是参数的名称，然后是一个空格，接着是该变量的类型。

在运行前面的乘法运算时，请务必手动将无符号整数转换为 32 位浮点数，这样做是为了避免操作中出现歧义。

此时，你可能想知道强制类型转换是如何工作的。强制类型转换能够遵循某种标准，将按照某种方式排列的位转换成另一种排列方式。例如，float32 在内存中是如何表示的。Go 中的 float32 遵循 IEEE 754

标准。

符号位使用 1 位二进制数(正数或负数)表示,指数使用 8 位,分数通常使用 23 位。然而,整数却完全不同,它们采用一种非常直接的二进制表示方式,位的值从右到左依次增加 2 倍,最左侧的位(最高位)通常表示符号位。

如果你想把一个整数转换成一个 float32 类型的值,必须告诉 Go 你想要将位的表示从整数转换为 float32 类型。你不需要理解这是如何工作的,只需要知道,如果强制转换中的类型是兼容的,那么它就可以工作,这是因为编译器和 CPU 会帮你处理。

请记住,我们必须添加从无符号整数到 float32 类型的强制转换。在 C 这样的语言中,即使没有显式强制转换,类似的代码也可以编译。但是这些代码能做什么呢?只有少数 C 开发人员真正知道所有隐式操作实际上会做什么。由于它们的行为可能未定义或更改,因此你基本上是在请求代码中的错误。

虽然这条规则有时会使 Go 代码非常简洁,但为了保证安全性,这是值得的。正如我们所讨论的,安全性是 Go 高度重视的东西。

回到函数,为了调用它,我们可以这样做:

```
valueOfPi(2)
```

下面是一个使用该表达式的实际程序。

代码清单 2.13 使用一个乘数调用新的 **valueOfPi** 函数

```
func main() {
    fmt.Println(valueOfPi(2)) //Prints tau (2 * the value of Pi)
}
```

当有多个参数时,要在函数声明和调用位置用逗号分隔。下面是一个类似的函数，它不仅需要一个非负乘数，还需要一个从 pi 中减去的有符号整数。

代码清单 2.14　实现 operateOnPi 函数，通过常数对 pi 取偏移并进行乘操作

```
func operateOnPi(multiplier uint, offset int) float32 {
    return (3.14159 - float32(offset)) * float32(multiplier)
}
```

请注意，函数签名是保持相同结构的，在圆括号内列出以逗号分隔的参数，每个参数的名称及其类型标志均按此顺序列出，用空格分隔。

如果你想要调用该函数，只需要用逗号分隔传递的两个参数即可，如下所示：

代码清单 2.15　调用 operateOnPi 函数

```
func main() {
    fmt.Println(operateOnPi(2, 1)) //Prints the value that
                                   //results from the
                                   //expression:
                                   //(3.14159 -1) * 2
}
```

现在让我们把它和之前学过的变量联系起来。请记住，当初始化一个变量时，实际上你只是写出了以下内容：

```
<name> := [expression that resolves to the value you'd like to store]
```

右边的表达式可能是对返回想要存储的内容的函数调用，它可以是另一个变量，也可以是一个字面量，或者是你期望的任何内容。

还有另一种方法，但仍然遵循相同的结构：

```
var <name> <type>
<name> = [expression that resolves to the above <type>]
```

因此,如果你想调用一个已经构建的函数并将值存储到变量中,通常的做法如下:

```
tau := operateOnPi(2, 0)
```

现在这个变量具有了 tau 的值。如果想要返回多个值,又该怎么办呢?假设我们正在构建一个返回姓名和年龄的函数,应该如何处理?

下面就是这样的一个例子:

```
func nameAndAge(uid int) (string, int) {
    switch uid {
    case 0:
        return "Baheer Kamal", 24
    case 1:
        return "Tanmay Bakshi", 16
    default:
        return "", -1
    }
}
```

这个函数接收一个用户 ID,使用 switch 语句进行匹配,然后返回与该用户 ID 关联的姓名和年龄。同样,函数签名仍然是我们熟悉的,并且可以更改。位于具有参数的函数名和代码块之间的不是一个独立的类型标志,而是多个类型标志,用逗号分隔,并括在括号中。

在函数返回的位置并没有使用括号,而是用逗号分隔解析返回值的不同表达式。在这种情况下,所有表达式都是其字面值,但这并不是必须的。

然而,使用这个函数可能不够直观。根据之前使用的编程语言,Go

可能看起来像返回了一个元组(tuple)类型,但并非如此,它实际上返回了两个独立的、不同的值,这意味着以下代码将无法编译。

```
user := nameAndAge(0)
```

失败的原因是 Go 期望右边的表达式解析为两个值,而在“:=”操作符的左边却只有一个值。因此,正如函数签名所要求的那样,为了解决这个问题,左侧需要有两个变量并用逗号分隔:

```
userName, userAge := nameAndAge(0)
```

这里需要记住的是,只要在“:=”操作符的左侧有至少一个新变量,就必须使用“:=”操作符。如果没有新变量,则必须使用“=”操作符。例如,下面的代码是有效的。

```
var userName string
userName, userAge := nameAndAge(0)
```

这段代码之所以有效,是因为 userAge 是一个新变量,所以 Go 接收在“:=”操作符左侧的预先声明的 userName 变量。但是,在下面的代码中,两者都已经进行了声明。

```
var userName string
var userAge int
userName, userAge = nameAndAge(0)
```

在上面的代码片段中,不允许使用“:=”操作符,必须使用“=”操作符。

然而,如果你不关心姓名,而只关心年龄呢?为了理解如何忽略返回值,让我们看一下这个示例程序。

代码清单 2.16　函数返回多个值

```
func nameAndAge(uid int) (string, int) {
    switch uid {
    case 0:
        return "Baheer Kamal", 24
    case 1:
        return "Tanmay Bakshi", 16
    default:
        return "", -1
    }
}
func main() {
    userName, userAge := nameAndAge(0)
    fmt.Println("User age:")
    fmt.Println(userAge)
}
```

语法看起来完全没有问题,让我们来编译它吧。

编译错误!

你可能会问,为什么会出现错误?这是因为我们声明了 userName,但从未使用它。大多数编程语言会忽略它,有些还会抛出警告。但是,Go 会完全停止编译过程,并告诉你必须在继续之前修复此代码。这就是第 1 章提到的"Go 有一个非常严格的编译器!"。

Go 抛出错误的原因是,如果你不使用一个变量,却对它进行了命名和声明,那这就是一个错误。例如,如果你忘记编写处理该值的逻辑,并想告诉编译器你要忽略它,则可以给它赋一个下画线。

```
func main() {
    _, userAge := nameAndAge(0)
    fmt.Println("User age:")
    fmt.Println(userAge)
}
```

现在,这段代码就可以通过编译了,输出为

```
24
```

还有一点需要注意,下画线不会被视为新变量,但 userAge 是新变量,因此我们使用“:=”操作符。如果已经声明了 userAge,这时因为下画线不是一个新声明,那么必须使用“=”操作符,如下所示。

```
func main() {
    var userAge int
    _, userAge = nameAndAge(0)
    fmt.Println("User age:")
    fmt.Println(userAge)
}
```

在 Go 中使用函数的另一种方式是将它们传递给其他函数。例如,如果你需要令一个函数调用另一个函数,但在编译时不知道它需要调用哪个函数,你可以这样写代码。

代码清单 2.17　将函数指针传递给其他函数

```
func runMathOp(a int, b int, op func(int, int)int) int {
    return op(a, b)
}
func add(a int, b int) int { return a + b }
func sub(a int, b int) int { return a -b }
func mul(a int, b int) int { return a * b }
func div(a int, b int) int { return a / b }

func main() {
    a, b := 9, 6
    fmt.Println(runMathOp(a, b, add))
    fmt.Println(runMathOp(a, b, sub))
    fmt.Println(runMathOp(a, b, mul))
    fmt.Println(runMathOp(a, b, div))
}
```

请注意 runMathOp 函数的函数签名，它接收一个名为 op 的参数，其类型看起来像一个普通的函数签名，只是没有函数名和参数名，仅保留了参数类型和返回类型。

在调用 runMathOp 函数时，只要与 runMathOp 声明中指定的函数签名匹配，就可以像传递其他参数（如 add 或 mul）一样将它传递给另一个函数。

在继续之前，应该了解的 Go 的最后一个非常强大的特性是 defer 关键字。你可以通过 defer 关键字告诉 Go 在函数即将返回之前先执行一些代码，该代码将在计算返回表达式之后，实际返回调用程序发生之前执行。语法非常简单，只需要编写 defer 关键字并在其后运行一个函数调用即可。例如，看看下面的代码：

```
package main
import (
    "fmt"
)
func test(x int) int {
    defer fmt.Println(x)
    y := x + 1
    fmt.Println(y)
    return y
}

func main() {
    test(5)
}
```

Println(x)是一个函数调用，该调用被传递给 test 函数中的 defer 关键字。所以，直到 test 函数返回之前，Println(x)才会被执行。因此，会看到以下输出。

```
6
5
```

你也可以用 defer 关键字定义一个新的内联函数，如下所示。

代码清单 2.18　为 defer 关键字定义并调用内联函数

```
package main

import (
    "fmt"
)

func test(x int) int {
    defer func() {
        fmt.Println("this is being called from an inline function")
        fmt.Println("I can put multiple expressions inside of here!")
        z := x -1
        fmt.Println(z)
    }()
    y := x + 1
    fmt.Println(y)
    return y
}

func main() {
    test(5)
}
```

以上代码不仅定义了内联函数，而且在第 9 行使用两个括号调用了它，这是 defer 关键字要求的，是有效的语法。运行这段代码会看到以下输出。

```
6
this is being called from an inline function
I can put multiple expressions inside of here!
4
```

现在，我们已经介绍了函数的基本知识，下面讨论一下 Go 做不到的事情：泛型(generics)。

泛型是非常受欢迎的特性之一，尤其是在 Java 和 C++ 语言中。

例如，在 Swift 和 Julia 中，泛型可以使你通过更少的代码支持更多的类型，并且具有更好的可读性和灵活性。Python 不能算在其中，因为 Python 使用的是鸭子类型，它从一开始就不关心变量的类型。

Go 团队正在研究泛型。下面是一些可以在 Go 语言的未来版本中编译的代码。

```
func Print[type T](s []T) {
    for _, v := range s {
        fmt.Print(v)
    }
}
```

这段代码可能看起来很复杂，但实际上非常简单。前提是，假设你想编写一个函数，用它输出整型数组中的每个元素，那么可以这样写：

```
func Print(s []int) {
    for _, v := range s {
    fmt.Print(v)
    }
}
```

以上写法是有效的。但是如果你想对字符串做同样的操作，就必须这样做：

```
func Print(s []string) {
    for _, v := range s {
    fmt.Print(v)
    }
}
```

对于浮点数、无符号整数、不同大小的整数和浮点数等，也要做类似的操作，这样做会导致出现大量重复的代码。但是，让我们看一下这个函数的通用版本：

```
func Print[type T](s []T) {
    for _, v := range s {
    fmt.Print(v)
    }
}
```

现在，你可以传入任意类型的数组，它将打印数组中的元素。此外，因为所有的调用和操作都在编译时消除了歧义，所以这种多态性没有运行时开销。然而，请记住 Go 最初并不是为泛型而设计的，所以一些解决语言设计缺陷的功能可能只是补丁式的解决方案。

例如，在 Go 中，如果你想构建一个泛型函数，用它接收两个相同类型的变量并返回较小的变量，那么可以这样写：

```
type numeric interface {
    type int, int8, int16, int32, int64, uint, uint8, uint16,
        uint32, uint64, float32, float64
}

func min(type T numeric) (a T, b T) T {
    if a <b {
        return a
    }
    return b
}
```

然而，在 Swift 等围绕泛型构建的语言中，你可以这样写：

```
func min<T: Comparable>(a: T, b: T) -> T {
    a <b ? a : b
}
```

这基本上可以翻译为“假设有一种叫作 T 的类型，并且 T 必须符合比较(comparable)协议，则意味着我们知道有一个为该类型实现的小于和大于操作符。这个函数有两个参数 a 和 b，都是 T 类型，同时返回一个 T 类型的值。然后，检查 a 是否小于 b。如果小于，则返回 a；否则返回 b”。

默认情况下，许多不同的类型都遵循比较协议，甚至你自定义的类和结构体也可以遵循比较协议。

虽然 Go 代码不够优雅，但它很好地完成了工作。

2.2.7　结构体

Go 不是面向对象的编程语言，它没有“类”或“对象”的概念，一切都是值，甚至连引用也是值，这意味着它们是表示为值的“指针”。

因此，为了帮助程序员存储多个相关的数据，Go 采用结构体(structure)将某些数据存储在连续的内存块中。回到用户名和年龄的例子，我们也可以把它表示成一个结构体。

```
type User struct {
    Name string
    Age int
}
```

现在，User 的大小(以字节为单位)等于 string 的大小(以字节为单位)+ int 的大小(以字节为单位)。实际上，这些变量的字节只是在内存中按照顺序逐个排列。

如果你想创建这个结构体的一个新实例，可以使用以下语法。

```
myUser := User{"Kathy", 18}
```

如果你想打印存储在结构体中的不同数据，可以使用“.”操作符。

```
fmt.Println(myUser.Name)
fmt.Println(myUser.Age)
```

下面来看一个在程序中使用结构体的例子。为了做到这一点，我们调整一下前面函数部分的例子。

代码清单 2.19　使用结构体替换函数中的多个返回值

```
type User struct {
    Name string
    Age int
}

func nameAndAge(uid int) User {
    switch uid {
    case 0:
        return User{"Baheer Kamal", 24}
    case 1:
        return User{"Tanmay Bakshi", 16}
    default:
        return User{"", -1}
    }
}

func main() {
    user := nameAndAge(1)
    fmt.Println("User age:")
    fmt.Println(user.Age)
}
```

如你所见，我们可以像使用代码中的其他类型一样使用新的 User 结构体类型。但是请记住，结构体是值类型，而不是像类那样是引用类型。因此，这样的代码可能会导致意想不到的结果，这取决于之前编写的程序。

代码清单 2.20 修改作为参数传递给函数的结构体

```
func incrementAge(user User) {
    user.Age++
    fmt.Println(user.Age)
}

func main() {
    kathy := User{"Kathy", 19}
    incrementAge(kathy)
    fmt.Println(kathy.Age)
}
```

输出为

```
20
19
```

这是因为负责增加 age 变量的函数只接收 User 类型,这意味着 Go 将复制该结构体的副本,并将副本传递给该函数。然后,函数修改该副本并输出年龄,它超出作用域后,副本会被删除。但是,回到 main 函数中,原来的"kathy"从来没有被改变过,所以输出了其原来的年龄。

如果你希望有一个修改结构体或其他值的函数,则必须给它传递引用。可以通过下面的方法完成。

代码清单 2.21 通过传递给函数的指针修改结构体

```
func incrementAge(user *User) {
    user.Age++
    fmt.Println(user.Age)
}

func main() {
    kathy := User{"Kathy", 19}
    incrementAge(&kathy)
```

```
    fmt.Println(kathy.Age)
}
```

请注意,这段代码中只有两处更改。incrementAge 函数中的类型标志从 User 更改为 * User,表示它是一个引用。另外一处是在 main 函数调用时不再传递 kathy,我们为 kathy 输入"&"运算符,它会获取对 kathy 的引用,然后将该引用传递给函数。

当运行这段代码时,输出如下:

```
20
20
```

这不是一个指针,尽管你的直觉可能告诉你这是一个由 Go 处理的引用。因此,在函数中不需要在访问 age 属性之前解除引用指针。请记住,在 Go 中,使用指针是这样做的:

```
fmt.Println(user.Age)
```

然而,在 C 语言中使用指针需要这样做:

```
printf("%d\n", user->age);
```

或者

```
printf("%d\n", *user.age);
```

在 C 语言中,不能使用"."操作符,除非自己解除对指针的引用,否则需要使用"->"操作符自动解除对指针的引用。Go 中没有这样的限制,因为它不是一个真正的指针,而是一个引用。

在 Go 中,你可以对结构体做的另一件事是为它们绑定函数。例如,如果需要为 User 结构体绑定一个简单的函数,使之返回一个字符串，如"Baheer Kamal is 24 years!"，我们可以写一个这样的函数：

```
func (user User) prettyString() string {
    return fmt.Sprintf("%s is %d years old!", user.Name, user.Age)
}
```

函数签名发生了一个关键变化：在 func 关键字之后，在常规函数签名的其余部分之前，我们在括号中添加了一个新的参数名称和类型标志，它会告诉 Go"将其作为 User 结构体的实例方法，并将该实例通过 user 传递给函数"。

现在，你可以这样调用该函数：

```
func main() {
    kathy := User{"Kathy", 19}
    fmt.Println(kathy.prettyString())
}
```

其输出为：

```
Kathy is 19 years old!
```

太棒了！为了巩固所学，我们将 incrementAge 函数移植到一个实例方法中。

代码清单 2.22　通过值接收器修改结构体

```
func (user User) incrementAge() {
    user.Age++
    fmt.Println(user.Age)
}

func main() {
    kathy := User{"Kathy", 19}
    kathy.incrementAge()
```

```
    fmt.Println(kathy.Age)
}
```

看起来不错。运行以上代码后会看到以下输出。

```
20
19
```

等一下,为什么实例方法没有更新结构体? 再看一下函数签名,注意类型标志是 User,而不是 * User,这些函数会传递一个结构体的副本。让我们尝试使用指针接收器解决这个问题。

代码清单 2.23　使用指针接收器修改结构体

```
func (user *User) incrementAge() {
    user.Age++
    fmt.Println(user.Age)
}

func main() {
    kathy := User{"Kathy", 19}
    kathy.incrementAge()
    fmt.Println(kathy.Age)
}
```

这一次不再需要更新调用,而是更新了函数签名,表明需要一个对正在调用该函数的 User 的引用。

现在会看到以下输出:

```
20
20
```

太棒了! 现在你已经了解了 Go 中结构体的基础知识。当然,还有很多东西需要学习,例如反射(reflection),我们将在后面的章节中进行讨论。

2.2.8 接口

在Go中,也有所谓的"接口",类似于Java中的接口或Swift中的协议,但是它们有很多局限性。然而,Go在这方面却相当优秀。

接口能够定义特定结构体所需的一组函数,而无须实现它。例如,为了与Living接口兼容,必须有一个不接收任何参数且无返回值的incrementAge函数。

让我们来看一组没有接口的结构体。

代码清单2.24 没有接口的结构体

```
type Person struct {
    Name string
    Age int
}

type Dog struct {
    Name string
    Owner * Person
    Age int
}

func (person * Person) incrementAge() {
    person.Age++
}
func (person * Person) getAge() int {
    return person.Age
}

func (dog * Dog) incrementAge() {
    dog.Age++
}
func (dog * Dog) getAge() int {
```

```
    return dog.Age
}
```

备注：根据之前讲到的，眼尖的人可能已经注意到这里有一个"错误"。在 getAge()函数中，有一个指针接收器，即附加在结构体中的类型标志是 * Dog 而不是 Dog。但是我们没有改变任何东西，为什么它需要是一个指针呢？这一点稍后会讲到。

假设我们想写一个函数，让它可以调用 incrementAge 并输出新的 age，此时并不需要成熟的泛型，我们只需要接口。例如，我们可以定义以下接口。

代码清单 2.25　一个接口标准化两个结构体

```
type Living interface {
    incrementAge()
    getAge() int
}
```

我们所做的是告诉 Go"如果一个结构体实现了这两个函数，则把它称为 Living，并假设它只具有 Living 接口中定义的功能"。因此，我们可以这样写。

代码清单 2.26　使符合接口的结构体实例发生变异的函数

```
func incrementAndPrintAge(being Living) {
    being.incrementAge()
    fmt.Println(being.getAge())
}
```

同时可以这样调用它。

代码清单 2.27　调用具有两个结构体实例的 **incrementAndPrintAge** 函数

```
func main() {
    harley := Person{"Harley", 21}
    snowy := Dog{"Snowy", &harley, 6}
    incrementAndPrintAge(&harley)
    incrementAndPrintAge(&snowy)
}
```

现在，不要太纠结于这段代码。稍后将详细介绍它以及 Go 编译器的编译过程。现在只需要运行它并观察结果：

```
22
7
```

棒极了！但这是怎么发生的呢？

首先，让我们看一下 incrementAge 和 getAge 函数。注意，它们实际上都在接收指针的值而不是常规数值，这意味着 Person 和 Dog 都没有 incrementAge 和 getAge 函数；相反，引用类型 * Person 和 * Dog 都实现了这些函数。

那么，再看一下我们定义的接口：

```
type Living interface {
    incrementAge()
    getAge() int
}
```

接口表明“任何实现这两个函数的类型也可以被称为 Living 类型”。而且你要知道，Person 和 Dog 并没有实现它们，而是 * Person 和 * Dog 实现了它们。因此，在调用 incrementAndPrintAge 函数时，如果我们直接传递变量

```
incrementAndPrintAge(harley)
incrementAndPrintAge(snowy)
```

会得到一个错误，因为这些变量的类型没有实现符合 Living 接口的函数。然而，如果传递引用

```
incrementAndPrintAge(&harley)
incrementAndPrintAge(&snowy)
```

传递的就不是 Person 和 Dog，而是 * Person 和 * Dog。

可以知道：接口中的函数要么都是指针接收器，要么都是值接收器，没有“中间地带”。

但这绝对不是最优的。让我们把代码写得更好一点，在 getAge() 函数中，用值类型替换引用类型：

```
func (person Person) getAge() int {
    return person.Age
}

func (dog Dog) getAge() int {
    return dog.Age
}
```

现在，让我们看看类型是否符合。

不幸的是，Dog 和 Person 仍然不符合 Living 接口，因为它们只实现了 getAge 而没有实现 incrementAge。 * Dog 和 * Person 现在也不符合，因为它们只实现了 incrementAge 而没有实现 getAge。现在可以看到，当前此代码中没有类型符合 Living 接口。

因此，接口就变得毫无用处。

Go 肯定有更好的方法来处理这些情况，但是现在，如果接口中的一个函数需要一个指针接收器，那么所有的函数都需要指针接收器。

2.2.9 错误

Go有一种独特的处理错误(error)的方式。在大多数常见的语言中,函数可以“抛出”一个错误,而调用者可以“捕获”这个错误。这种方法在Go中仍然可行,但并不常见,也不鼓励使用。Go建议返回一个名为error的类型。

error是一个接口,它只期望基础类型实现一个函数,这个函数名为Error,不接收任何参数,并以人类可读字符串的形式返回它表示的错误。error接口的定义如下:

```
type error interface {
    Error() string
}
```

你可以很轻松地生成自定义的error类型。下面是一个error类型的简单实现:

```
type errorString struct {
    s string
}
func (e *errorString) Error() string {
    return e.s
}
```

errorString结构体现在已经符合error接口,定义的函数可以将其作为error返回。但是,你可能会问,接口的意义是什么?为什么不把error变成一个结构体,这样函数不就可以直接把error存储为字符串了吗?

答案很简单:错误是复杂的。假设你从一个意图向HTTP端点发出请求的函数中得到一个错误,错误可能发生在多点,可能是由于防火墙问题或互联网连接问题而导致无法发送请求。也许响应代码是 500（内部服务器错误），所以这是服务器的错误。

Go 并没有将错误简化为一个字符串，而是允许定义自己的 error 结构体以包含自定义的错误信息。然后，由于被迫实现了 Error() 函数以返回一个可读的字符串，因此仍然可以打印出错误以进行调试。这些字符串可以基于结构体的其他内容（例如，HTTP 示例中的响应代码）进行组合。

这种非常规的错误处理方法会导致代码不美观，但通常会降低由于未处理的错误而导致程序崩溃的可能性。为了了解如何进行操作，我们看一个在函数中使用 error 接口的例子。

在定义新的简单错误类型时，Go 中的标准是将它们定义为全局变量，这使得包外的代码可以更有效地检测、查看和处理返回的错误。

在下面的示例中，我们使用 errors 包创建 DivisionByZero 错误，然后定义一个 Divide() 函数，如果要求该函数对一个数进行除零操作，它将返回自定义的错误。

现在，你不需要理会导入 errors 模块的第二行代码。在第 3 章中，你将了解到更多关于模块及其工作原理的知识。现在，你只需要知道它为我们提供了自定义简单错误的功能。

代码清单 2.28　一个简单的 DivisionByZero 错误

```go
package main

import (
    "errors"
    "fmt"
)

var DivisionByZero = errors.New("division by zero")
```

```
func Divide(number, d float32) (float32, error) {
    if d == 0 {
        return 0, DivisionByZero
    }
    return number / d, nil
}

func main() {
    n1, e1 := Divide(1, 1)
    fmt.Println(n1)
    if e1 != nil {
        fmt.Println(e1.Error())
    }
    n2, e2 := Divide(1, 0)
    fmt.Println(n2)
    if e2 != nil {
        fmt.Println(e2.Error())
    }
}
```

你会看到以下输出：

```
+1.000000e+000
+0.000000e+000
division by zero
```

如你所见，第一次的除法操作可以正常执行，而第二次的除法操作会返回一个错误。

现在，程序有时会由于意外而发生崩溃，这些类型的错误通常用 try/catch 块来处理。对于在块中发生的任何崩溃，程序将捕获并尝试处理错误。因此，虽然 Go 支持此功能，但它的实现方式与其他语言（如 Java 和 C++）不同。

对于任何意外错误，Go 将抛出一个 panic，从而终止程序。事实上，如果遇到意外行为，有些包也会抛出一个 panic。除了 panic，Go 还有一个概念，叫作 recover，它会捕获由包或语言抛出的任何 panic。

函数栈、panic 和 recover 之间的交互是这样的：抛出 panic 的函数会立即返回，但如果有 defer 操作，则会提前运行它。然后，调用函数也会立即返回到它的调用者，以此类推，直到到达调用栈（程序调用）的根节点。每次返回都将执行对应函数的 defer（如果有）。在任何 defer 块中，你都可以通过调用 recover 函数处理来自调用栈顶部的错误，从而停止函数返回的循环。但是，如果到达了调用栈的根节点，并且没有运行 recover，那么程序将崩溃，Go 将打印出错误。

为了更好地理解这一点，请看以下代码。

代码清单 **2.29　panic** 行为：一个函数调用

```
package main

import (
    "errors"
    "fmt"
)

var SampleError = errors.New("This is a test error")

func testRecover() {
    defer func() {
        if recover() != nil {
            fmt.Println("got an error!")
        } else {
            fmt.Println("no error")
        }
    }()
    panic(SampleError)
    fmt.Println("Hello!")
}

func main() {
```

```
    testRecover()
}
```

在 testRecover 函数中，我们要做的第一件事是定义一个 defer 函数，使它只运行 recover 函数，并检查返回值是否不为 nil(空，无值)。如果返回值为 nil，那么我们就获取了一个 panic，可以把它打印出来；否则表示没有错误，这个 defer 只会在一个普通函数返回之前被调用。因为我们已经调用了 recover 函数，所以 panic 被处理了，并且 panic 不会传播给 testRecover 的调用者，即 main。

如果运行代码，会看到：

```
got an error!
```

如果将 panic 注释掉，将会看到打印内容变为：

```
Hello!
no error
```

现在，假设重构代码如下。

代码清单 2.30　panic 行为：两个函数调用

```
package main

import (
    "errors"
    "fmt"
)

var SampleError = errors.New("This is a test error")

func testPanic() {
    panic(SampleError)
    fmt.Println("Hello from testPanic!")
}
```

```go
func testRecover() {
    defer func() {
        if recover() != nil {
            fmt.Println("got an error!")
        } else {
            fmt.Println("no error")
        }
    }()
    testPanic()
    fmt.Println("Hello from testRecover!")
}

func main() {
    testRecover()
}
```

在这个例子中，panic 没有在 testPanic 中被处理，所以它传播到了 testRecover，testRecover 被迫立即返回而不打印。但是，testRecover 确实运行了它的 defer，从而运行了 recover，最终避免 panic 传播到 main，而 main 恰好是调用堆栈的根节点，这意味着程序不会崩溃。

总之，在 panic 和 recover 交互之后，程序的输出如下：

```
got an error!
```

至此，你已经学习了 Go 的所有基本语法，这将有助于你的 Go 编程之旅。在第 3 章中，让我们通过构建一些应用程序来学习一些更高级的概念，如 pathfinder（路径查找器）和 Game of Life 的实现。

第3章

Go模块

欢迎来到第3章！现在你已经了解了Go语言的基本构建块，你可能认为是时候开始实现更复杂的应用程序了。然而，在此之前，学习如何与较大的程序员社区协同工作是很重要的。要做到这一点，必须学习如何使用和创建包(package)，从而能够大规模地部署代码。

阅读本章后，可以得到以下问题的答案。

- 什么是包？为什么它们对编程语言的生态系统很重要？
- 包管理器是如何工作的？它在开发大型应用程序中起到了什么作用？
- Go模块是如何构建的？
- 如何在应用程序中使用内置和第三方的模块？
- 如何构建自己的Go模块？

大多数编程语言都使用包管理系统对代码进行部署，如果使用得当，那么包管理系统能够使程序员的工作更高效且更具有协作性。例如，Python 的 PIP、Swift 的包管理器、Ruby 的 RubyGems，当然，还有 Go 的 Go modules。

此外，当一个令人称赞的包生态系统（无论是内置的还是第三方社区支持的）具有独特的语言特性（如 Go 独特的并发性和快速编译特性）时，编程就会变得简单而有趣。

编程语言实际上是由其提供的功能“包”定义的。以 Python 为例，Python 通常通过大量经过良好优化的内置包来扩展其标准库，例如，json、urllib、pickle、os、sys、sqlite 等。这些包是 Python 成功的关键，尽管从技术角度来看它是有缺陷的，但你只需要安装 Python 语言，就可以发送和接收 HTTP 请求、解析 JSON 和 CSV 文件、序列化数据到磁盘、控制 OS 特性，甚至使用 SQLite 数据库。

另一个关键是，它不仅使用内置包提供了基本功能，而且为其他人发布自己的包和使用他人的包提供了一种简单的方法。如果是一个不易使用、不集中，并且不是与语言本身一起构建的系统，那么最终可能会得到一个松散、混乱、滋生 bug 的生态系统，例如 Java 或 iOS 以外平台的旧版本 Swift。

3.1 使用内置包

我们探索的第一个示例是一个相对简单的应用程序，它可以从 OMDb API 中获取数据。OMDb 代表 the Open Movie Database，顾名思义，它们提供了大量关于电影的可编程访问信息。

具体来说，我们会构建一个可以根据电影名称搜索电影的应用程序。我们将以常规的方式开始构建应用程序，再加上一些其他东西（不用担心，我们将在稍后解释它们的含义)。

```
package main

import (
    "encoding/json"
    "errors"
    "io/ioutil"
    "net/http"
    "net/url"
    "strings"
)
```

当然，第一行代码只是告诉Go我们正在为哪个包编写代码。然后，让我们来看看导入(import)。到目前为止，你只使用过fmt库，但这次会使用许多其他库，如表3.1所示。

表3.1 在OMDb应用程序中导入各包的含义

包	含义
encoding/json	用于编码/解码(封装/解封)JSON对象
errors	用于引发错误
io/ioutil	输入/输出程序(用于从REST API读取数据流)
net/http	HTTP客户端和服务器的实现(我们只使用客户端)
net/url	处理URL应用程序的实现(包括HTTP URL)
strings	字符串应用程序的实现

这些包将提供构建块，我们可以在其上实现自己的逻辑。

备注：需要记住的是，在Go中，必须用到每个import；否则，Go将抛出error并拒绝编译程序，而其他编程语言要么静默地继续，要么抛出警告，这是为了保证速度与安全，因为未使用的import可能存在bug。

导入之后，我们将创建一个名为 APIKEY 的新常量，用于存储 OMDB API 键。OMDb API 键用于告诉 API 你是谁，以便服务可以实现如评级限制、权限和演员表等功能。

```
//omdbapi.com API key
const APIKEY = "193ef3a"
```

在继续之前，先简单介绍一下 API：我们将实现两个函数，用其调用众多 API 端点(endpoint)中的两个，这两个函数都将实现电影搜索功能，一个将实现按标题搜索，另一个将实现按 Movie ID(IMDB 中电影的唯一标识符)搜索。

如果调用这两个端点中的任何一个，将得到一个 JSON 响应，其中包含一个符合特定规范(specification)的对象。我们现在要做的是在 Go 语言的结构体中实现相同的规范。这样，当得到 JSON 字符串作为响应时，我们就可以告诉 Go 将 JSON 封装到结构体中。

以下是我们将构建的结构体：

```
//The structure of the returned JSON from omdbapi.com
//To keep this example short, some of the values are not
//mapped into the structure
type MovieInfo struct {
Title string `json:"Title"`
Year string `json:"Year"`
Rated string `json:"Rated"`
Released string `json:"Released"`
Runtime string `json:"Runtime"`
Genre string `json:"Genre"`
Writer string `json:"Writer"`
Actors string `json:"Actors"`
Plot string `json:"Plot"`
Language string `json:"Language"`
Country string `json:"Country"`
```

```
Awards string `json:"Awards"`
Poster string `json:"Poster"`
ImdbRating string `json:"imdbRating"`
ImdbID string `json:"imdbID"`
}
```

我们还可以从 API 中获得相当多的其他数据，但是为了简洁起见，我们在结构体中删掉了这些数据。在这个结构体中，还有一些没有介绍过的其他语法——位于类型标注之后，用反引号括起来。例如：

```
Actors string `json:"Actors"`
```

`json："Actors"`用来告诉 JSON 包，当你需要将 JSON 字符串封装到这个结构体时，Actors 键的值应该被置于这个变量（"Actors"字符串）中，这允许你在 JSON 中为键设置一个与结构体中存储的键的变量名不同的名称。

关于这一点，我们在第 2 章中介绍了简化版的结构体，其中说明了需要在结构体中提供的变量名和类型标注，但是 Go 还可以接收另一部分的变量信息（尽管这是可选的），这就是所谓的“标签”。标签包含关于变量的其他信息，以及代码的不同部分所需的变量信息。

在本例中，我们使用包含 JSON 键的标签支持 JSON 的封装处理。

现在，我们有了一个包含从 API 获得的信息的结构体，下面实现对 API 的调用。但是在此之前，我们必须编写一个实际负责向 API 发送 HTTP GET 请求的函数。下面是实现这个逻辑的一个简单函数：

```
func sendGetRequest(url string) (string, error) {
    resp, err := http.Get(url)
    if err != nil {
        return "", err
    }
```

```
    defer resp.Body.Close()
    body, err := ioutil.ReadAll(resp.Body)
    if err != nil {
        return "", err
    }

    if resp.StatusCode != 200 {
        return string(body), errors.New(resp.Status)
    }
    return string(body), nil
}
```

这个函数的工作方式很简单，它看起来可能很复杂，这是因为它是你在 Go 中处理的第一个较大的函数。让我们从解析函数签名开始：

```
func sendGetRequest(url string) (string, error)
```

这个签名很简单。该函数只接收一个字符串类型的参数 url。但是，它会返回两个独立的值：一个字符串，它将请求的响应表示为字符串；一个 error 类型，error 应该是 nil，但如果在请求或解析响应的某个地方发生了错误，则会包含一个值。

签名之后是函数的主体，因为这是你接触到的第一个真正的函数，所以让我们在表 3.2 中分别介绍每一部分吧。

表 3.2 sendGetRequest 中每部分代码的功能

代　码	功　能

`resp, err := http.Get(url)`
`if err != nil {`
`    return "", err`
`}`
	使用 http 模块中的 GET 函数运行实际的 GET 请求，并将该函数的 url 作为参数传递给它。然后，将响应存储在 resp 和 err 中，并确保 err 为 nil。如果不是，则提前从该函数返回一个空响应和此 error

续表

代　　码	功　　能

`defer resp.Body.Close()`
`body, err := ioutil.ReadAll (resp.Body)`
`if err != nil {`
`    return "", err`
`}`
	告诉 Go"在将这个函数返回给它的调用者之前，确保从响应中关闭 Body 输入流"。然后，使用 io 包读取从响应 Body 中获得的字节，这可能会返回一个 error，因此运行与第一部分中类似的逻辑——如果有 error，则提前返回一个空响应和我们得到的 error

`if resp.StatusCode != 200 {`
`    return string(body),`
`    errors.New(resp. Status)`
`}`
	检查我们得到的状态码，如果它不是 200（意味着一切正常），那么返回响应的 body（其中可能包含有用的信息）并创建一个新的 error，其描述了响应的整个状态

`return string(body), nil`	最后一部分是我们希望得到的结果，这意味着管道中没有 error，并且可以将 body 作为字符串返回，没有 error

完成此函数后，我们现在就能够发送 GET 请求并处理可能出现的一些常见错误。下面让我们实现搜索。

请记住，我们需要实现两种搜索方式：通过标题搜索和通过电影 ID 搜索。让我们先从按标题或姓名搜索开始。

```
func SearchByName(name string) (*MovieInfo, error) {
    parms := url.Values{}
    parms.Set("apikey", APIKEY)
    parms.Set("t", name)
    siteURL := "http://www.omdbapi.com/?" + parms.Encode()
    body, err := sendGetRequest(siteURL)
    if err != nil {
        return nil, errors.New(err.Error() + "\nBody:" + body)
    }
    mi := &MovieInfo{}
    return mi, json.Unmarshal([]byte(body), mi)
}
```

这个函数看起来更简单一些，我们依然从函数签名开始。

```
func SearchByName(name string) (*MovieInfo, error)
```

函数签名乍一看很简单：只是创建了一个接收单个参数并返回两个值的函数。然而，仔细观察后，你会发现返回的第一个值，即从 JSON 响应中解析出的 MovieInfo 结构体实际上是一个指针。

为什么会这样？这是因为我们还有另一个返回值——error。当有一个 error 时，这意味着没有返回一个 MovieInfo 结构体。那么，用什么来代替它呢？我们可以返回一个带有一堆占位符值的空结构体，但这并不美观。你可能会问，为什么不直接返回 nil 呢？如果函数的类型注解只是 MovieInfo，其作为一个值而不是指针，那么 Go 就不允许返回 nil，这是因为没有办法在内存中表示它。

当我们将其声明为指针时，Go 则允许返回 nil，这是因为指针允许指向任何内容。如果我们需要返回一个 error，则可以返回一个带有 error 的 nil 值；如果没有问题，也可以返回一个带有 nil error 的值。

就函数逻辑而言，其本质上遵循以下步骤：

(1) 构建一组 URL 参数，其中包含 API 和我们想要搜索的电影名称；

(2) 组合我们想要查询的 REST API URL，以及步骤(1)中的参数；

(3) 向站点发出请求，如果有错误，则返回 nil 指针和 error；

(4) 创建一个新的 MovieInfo 值，获取指向该值的指针，返回该指针，并通过该指针将响应字符串解析为值；如果数据解析产生错误，则会返回 error。

在所有步骤中，步骤(4)可能是唯一一个比较复杂的，因为它与函数中的最后两行代码相关，让我们来看一下更多的细节。

```
mi := &MovieInfo{}
return mi, json.Unmarshal([]byte(body), mi)
```

代码的第一行很简单：创建结构体，通过取地址操作符“&”获取指针，并将该地址存储在mi变量中。第二行有些复杂，如果仔细分析一下，你会发现需要返回的第一个值是一个很容易解析的表达式，它只是变量中的一个值。

但是，需要返回的第二个值就不那么容易解析了。你需要调用一个函数（在本例中是Unmarshal）获取返回值，然后将其作为此函数的返回值。所以，这是内部发生的事情：

（1）创建一个指向新的MovieInfo结构体的指针；

（2）将body字符串转换为字节数组；

（3）以字节的形式传递body和指向json包中的Unmarshal函数的指针。Unmarshal函数的响应是error类型，并没有一个真正的“值”被返回，这是因为我们给它传递了一个指针，所以它只是把我们期望它“返回”的值放在指针指向的内存中而已；

（4）该函数返回指向刚刚解析的内存的指针，以及Unmarshal函数可能返回的error。

同样，第一次看可能有些不太直观，但一旦习惯了，它就会更容易理解。

然后，我们对按唯一标识符搜索电影的函数做以下操作：

```
func SearchById(id string) (*MovieInfo, error) {
    parms := url.Values{}
    parms.Set("apikey", APIKEY)
    parms.Set("i", id)
    siteURL := "http://www.omdbapi.com/?" + parms.Encode()
    body, err := sendGetRequest(siteURL)
    if err != nil {
        return nil, errors.New(err.Error() + "\nBody:" + body)
    }
    mi := &MovieInfo{}
```

```
    return mi, json.Unmarshal([]byte(body), mi)
}
```

除了函数名之外，这里唯一的区别在代码的第 4 行。参数的名称不是 t 表示的标题，而是 i 表示的 ID。

以上就是全部代码！现在我们就可以查询 OMDb 并获取有关电影的信息。让我们用 main 函数来测试一下。

```
func main() {
    body, _ := SearchById("tt3896198")
    fmt.Println(body.Title)
    body, _ = SearchByName("Game of")
    fmt.Println(body.Title)
}
```

我们在 main 函数中所做的是按 ID 搜索，然后按 Name 搜索。尝试在这里输入值，看看你会得到哪个电影。要记住的是，我们忽略了这些函数的第二个返回值，它们都是 error 类型的。这意味着，如果此时得到一个错误，则不会处理它。根据错误发生的位置，可能导致应用程序崩溃或打印出一个无用的、无意义的值。

当然，在实际的产品代码中，我们会处理这些错误。

当运行这段代码时，你会看到以下输出：

```
Guardians of the Galaxy Vol. 2
Game of Thrones
```

第一行是 ID 为 tt3896198 的结果的标题，第二行是在 OMDb 中搜索“Game of”时得到的第一个结果的标题。

下面是完整的代码清单。

代码清单 3.1 使用 OMDb API 获取电影信息

```
package main

/*
Example of only using many built-in packages in Go to reach out
to a rest API to retrieve movie detail.
*/

import (
    "encoding/json"
    "errors"
    "fmt"
    "io/ioutil"
    "net/http"
    "net/url"
    "strings"
)

//omdbapi.com API key
const APIKEY = "193ef3a"

//The structure of the returned JSON from omdbapi.com
//To keep this example short, some of the values are not
//mapped into the structure

type MovieInfo struct {
    Title string `json:"Title"`
    Year string `json:"Year"`
    Rated string `json:"Rated"`
    Released string `json:"Released"`
    Runtime string `json:"Runtime"`
    Genre string `json:"Genre"`
    Writer string `json:"Writer"`
    Actors string `json:"Actors"`
    Plot string `json:"Plot"`
    Language string `json:"Language"`
    Country string `json:"Country"`
```

```
    Awards string `json:"Awards"`
    Poster string `json:"Poster"`
    ImdbRating string `json:"imdbRating"`
    ImdbID string `json:"imdbID"`
}

func main() {
    body, _ := SearchById("tt3896198")
    fmt.Println(body.Title)
    body, _ = SearchByName("Game of")
    fmt.Println(body.Title)
}

func SearchByName(name string) (*MovieInfo, error) {
    parms := url.Values{}
    parms.Set("apikey", APIKEY)
    parms.Set("t", name)
    siteURL := "http://www.omdbapi.com/?" + parms.Encode()
    body, err := sendGetRequest(siteURL)
    if err != nil {
        return nil, errors.New(err.Error() + "\nBody:" + body)
    }
    mi := &MovieInfo{}
    return mi, json.Unmarshal([]byte(body), mi)
}

func SearchById(id string) (*MovieInfo, error) {
    parms := url.Values{}
    parms.Set("apikey", APIKEY)
    parms.Set("i", id)
    siteURL := "http://www.omdbapi.com/?" + parms.Encode()
    body, err := sendGetRequest(siteURL)
    if err != nil {
        return nil, errors.New(err.Error() + "\nBody:" + body)
    }
    mi := &MovieInfo{}
    return mi, json.Unmarshal([]byte(body), mi)
}
```

```
func sendGetRequest(url string) (string, error) {
    resp, err := http.Get(url)
    if err != nil {
        return "", err
    }

    defer resp.Body.Close()
    body, err := ioutil.ReadAll(resp.Body)
    if err != nil {
        return "", err
    }

    if resp.StatusCode != 200 {
        return string(body), errors.New(resp,Status)
    }
    return string(body), nil
}
```

以上就是一个仅使用内置包构建真实的、有用的应用程序的示例。然而，当你使用社区编写的代码时，编程语言的美就会显现出来。为此，我们将使用 Go 模块。

3.2 使用第三方包

对 Go 模块的支持始于 Go 1.11 版本。通过模块，Go 可以无缝地处理第三方包，使程序员能够协作和共享代码。

Go 模块可以由 IDE 处理，也可以通过命令行手动处理。因为我们的目的是尽可能以与平台无关的方式学习 Go，所以只会介绍使用命令行的方法。

处理模块的主要命令是“go mod”。例如，如果你在命令行中运行这个命令：

```
go mod help
```

就会看到一个帮助页面,从中可以了解使用 Go 模块做的所有事情。

Go 模块有以下两种使用方式。

(1)“全局”安装 Go 模块。你需要下载该模块的代码并将其存储在所有项目都可以访问的路径中。这样做的好处是,你只需要获取它一次,然后你的所有项目就都可以访问该模块了。其主要的缺点是有时可能会很烦琐,例如当你需要某个包的特定版本或一个独立的包环境时。

(2)如果创建自己的 Go 模块,则可以在自己的模块中安装第三方 Go 模块,这样可以防止其他项目和模块访问你下载的模块,它将被存储在项目文件夹中。

让我们先编写一些使用第三方 Go 模块的代码,然后探究这两种选择方式。首先,我们建议在项目中安装模块,除非有非常特殊的原因,否则需要在全局安装它们。

我们将构建一个应用程序,它通过命令行从用户处获取一个数字,并打印出该数字是否是素数。这个例子非常简单,所以我们可以很容易地自己编写代码。但是,我们将使用 GitHub 上的一个开源模块完成。

我们将使用的包可以在 www.github.com/otiai10/primes 上找到。整个代码文件如下。

代码清单 3.2 使用 otiai 10 包检测数字是否为素数

```
package main

import (
    "fmt"
    "github.com/otiai10/primes"
```

```
    "os"
    "strconv"
)

func main() {
    args := os.Args[1:]
    if len(args) != 1 {
        fmt.Println("Usage:", os.Args[0], "<number>")
        os.Exit(1)
    }
    number, err := strconv.Atoi(args[0])
    if err != nil {
        panic(err)
    }
    f := primes.Factorize(int64(number))
    fmt.Println("primes:", len(f.Powers()) == 1)
}
```

正如你看到的，使用第三方模块和使用内置包几乎是一样的。一个明显的区别是，当运行 import 时，需要指定到模块所在的 GitHub repo（存储库）的链接。

从技术上讲，Go 模块不需要 GitHub 链接即可工作，只需要一个链接到任意远程的 Git 存储库（可能托管在 GitHub、Gitlab、Bitbucket 等），你甚至可以使用自己的 Git 服务器实例。

这使得 Go 模块系统能够处理版本控制。例如，它会专门记住你调用了哪个模块编译了你的代码，从而使编码环境的一致性更好。如果采用刚才提到的第二种方式，即创建自己的包，那么这些信息会存储在一个名为 go.sum 的文件中。

回到我们的代码，如果你此时编译它（使用 go build 命令），将遇到以下错误：

```
main.go:14:2: cannot find package "github.com/otiai10/primes" in any of:
```

```
/usr/local/Cellar/go/1.14.4/libexec/src/github.com/otiai10/
primes (from $GOROOT)
/Users/tanmaybakshi/go/src/github.com/otiai10/primes
(from $GOPATH)
```

这时 Go 会告诉你“我找不到你试图导入的模块”，它会抛出一个编译器错误。如果你决定使用第一种方法安装软件包(我们并不推荐)，那么可以在命令行中运行以下命令：

```
go get github.com/otiai10/primes
```

这会将包下载到你的主文件夹(home folder)，如果构建并运行代码，那么它应该可以正常工作。

但是，我们建议执行以下命令：

```
go mod init primechecker
```

这个命令只会做一件事情：在当前目录下，它将创建一个名为 primechecker 的新模块。在本例中，名称并不重要，它只在其他人想使用你的包时才会有用(这是他们用来引用你的模块的名称)。

现在，当运行 go build 命令时，你将看到代码编译成功，这是因为 Go 能够将所需的模块下载到你自己的新模块中。

当运行 go build 命令时，你会看到如下输出：

```
> go build .
go: finding module for package github.com/otiai10/primes go:
found github.com/otiai10/primes in github.com/otiai10/primes
v0.0.0-20180210170552-f6d2a1ba97c4
```

在 go.sum 文件中，你会看到以下内容：

```
github.com/otiai10/primes v0.0.0-20180210170552-f6d2a1ba97c4/
go.mod h1:UmSP7QeU3XmAdGu5+dnrTJqjBc+IscpVZkQzk473cjM=
```

3.3 构建自己的包

正如我们已经提到的，在Go中制作和构建自己的自定义包非常简单。

现在，为了让其他人使用你的模块，你必须非常具体地命名这个模块。在上面的示例中，你可以将模块命名为任意名称，但是，如果你想将该模块推送到远程Git服务器供其他人使用，则必须将包命名为其他人可以在其代码中导入的远程Git库。

例如，让我们编写一个允许用户检查一个数字是否为素数的包。可以像下面这样初始化包：

```
go mod init github.com/Tanmay-Teaches/golang/chapter3/example3
```

这样，我们的Go模块就可以被想要使用我们代码的人自动导入了。

下面编写这个包的代码。当然，我们将在main.go文件中进行编码。但是这次，我们将把包命名为example3，而不是package main，这表示当人们在自己的代码中引用这个包时，将把它称为example3。

代码清单3.3 自定义素数检测包

```
package example3

func IsPrime(n int) bool {
    if n <= 1 {
        return false
```

```
    } else if n <= 3 {
        return true
    } else if n %2 == 0 || n %3 == 0 {
        return false
    }

    i := 5
    for i * i <n {
        if n %i == 0 || n %(i + 2) == 0 {
            return false
        }
        i += 6
    }
    return true
}
```

IsPrime 函数背后的逻辑非常简单：有几个条件用来检查返回真或假的情况，然后从 5 循环到我们想要检查的数字的平方根。如果输入的数字能被循环中的任一数字整除，则返回 false；否则返回 true。

现在我们可以将代码送入 GitHub 仓库。如果这个 GitHub 仓库恰巧是公开的，那么本章的其余部分应该就不言自明了，你应该能够找到它。你需要做的就是提交修改并送入到你的仓库——或者你的 Git 工作流可能需要的其他东西。

你可能会想：如果 GitHub 的仓库是私有的，我们该怎么办？或者你在一家使用 GitHub Enterprise 的公司工作，你有自己的 GitHub 实例，又该如何告诉 Go 对特定的 GitHub 实例进行身份验证呢？

通常，可以使用 SSH 密钥对 Git 进行身份验证。SSH 密钥易于使用，非常安全，并且是行业标准。

要告诉 Go 使用 SSH，必须从一个 Git 命令开始。具体来说，我们必须告诉 git，当看到 HTTPS URL 时，它必须用 SSH 请求替换 HTTPS 请求。下面是设置全局 Git 配置的方法：

```
git config --global url."git@github.com:".insteadOf "https://github.com/"
```

然后，你需要告诉Go不要对要克隆的私有存储库或内部存储库进行sum check校验，这是因为sum check与私有存储库和内部存储库不兼容。

```
export GONOSUMDB=github.com/Tanmay-Teaches/golang
```

此时，你应该能够创建一个新项目，在该项目中引用你在私有Git存储库中创建的模块，然后获取该模块并在自己的代码中使用它。

首先，创建一个新的Go项目（创建一个新文件夹）并初始化一个新模块，如下所示：

```
go mod init example4
```

同样，当你为自己创建模块而不打算发布时，模块的名称并不重要。

除了为自己创建的模块之外，我们还将使用labstack的另一个名为echo的第三方模块，这个模块将帮助我们创建一个快速Web（HTTP）服务器。总之，我们的应用程序将：

(1) 在一个特定的端口打开一个HTTP服务器；

(2) 监听来自端口的GET请求；

(3) 如果它收到了一个GET请求，其中URL的路径是一个数字，则检测数字是否为素数：

① 如果是，则对GET请求返回true作为响应；

② 如果不是，对GET请求返回false作为响应。

下面是该应用程序的所有代码。

代码清单 3.4　使用自定义素数检测包

```
package main

import (
    "net/http"
    "github.com/Tanmay-Teaches/golang/chapter3/example3"
    "github.com/labstack/echo/v4"
    "strconv"
)

func main() {
    e := echo.New()
    e.GET("/:number", func(c echo.Context) error {
        nstr := c.Param("number")
        n, err := strconv.Atoi(nstr)
        if err != nil {
            return c.String(http.StatusBadRequest, err.Error())
        }
return c.String(http.StatusOK,
            ↳ strconv.FormatBool(example3.IsPrime(n)))
    })
    e.Logger.Fatal(e.Start(":1323"))
}
```

在运行代码之前，我们先来了解一下它是如何工作的。当启动 main 函数时，我们只需要调用 echo.New()，就可以生成一个新的 HTTP Server 实例。之后，我们针对该服务器注册一个 GET 端点。

通过传递一个字符串"/:number"注册这个 GET 端点，这意味着在 URL 的根节点之后，如果你看到的唯一一个东西是我们称为“number”的特定字符序列，那么我们就可以处理请求。

> 备注：说到字符串中的“number”时，我们并没有告诉它只查找数字；相反，可以查找任何字符序列，但我们希望将这些字符存储在一个名为 number 的变量中，这是因为我们正在设计的 API 期望它是一个数字。

然而，我们传递给这个函数的还有一个参数：它是另一个函数，不会立即被调用。这意味着在 main 函数的第 2 行的 func 关键字之后，直到 main 函数的第 9 行，这些代码都不会立即执行——它只是我们声明为内联函数的一部分，并从 echo 模块传递给 GET 函数。

当 HTTP 服务器发现一个请求满足由 GET 函数的第一个参数传入的字符串所产生的条件时，它将调用传递的这个函数。当函数被调用时，将会传递一个 echo.Context 值，并且返回一个 error 类型。如果没有错误，则返回 nil。如果有错误，则返回值不是 nil，echo 模块将向请求发送失败响应。

在该函数中，我们只获得了在传递的路径字符串中声明的 number 参数，然后尝试将其转换为整数。如果此时出现错误，则意味着字符串包含的不是整数，将返回该 error，同时返回一些额外的信息，告诉 echo “API 的用户发出了错误的请求，因此我们无法处理它。这不是我们的错”。

最后，我们只需要告诉服务器开始监听端口 1323 上的请求。如果有错误，则该函数将返回一个 error，如果没有错误，则永远不会返回，它将会阻塞。当强制终止程序时，它就会结束。

但是，如果函数确实返回了 error，则需要将该 error 传递给 Logger 中的 Fatal 函数。这样我们就可以将 error 记录为 fatal error，并且由于 main 函数结束，故程序将退出。

下面来看看实际的代码。打开浏览器，如图 3.1 和图 3.2 所示。

图 3.1 数字 100 的素数检查 API 的输出：一个合数

图 3.2 数字 97 的素数检查 API 的输出：一个素数

对于每一个请求，你会看到输出是 true 或 false，若数字是素数则为 true，是合数则为 false。

在本章中，我们探讨了如何使用 Go 模块，包括第三方模块和内置模块，并展示了如何构建自己的模块。在接下来的章节中，我们将利用目前学到的所有知识构建使用通用数据结构和算法的实际应用程序。

第4章

使用内置包

欢迎来到第4章！既然已经了解了Go语言的基本构建块以及如何使用包和模块，那么是时候学习Go语言的一些其他特性和功能了。我们将通过构建一些基于常见的数据结构和算法的应用程序实现这一点。

阅读本章后，可以得到以下问题的答案。

- 什么是Dijkstra路径查找算法？它是如何工作的？
- 在Go中如何通过图实现Dijkstra搜索？
- 什么是康威生命游戏（Conway's Game of Life），它是如何工作的？
- 在Go中如何实现图形用户界面？
- 为什么生成随机数是一项困难的任务？如何在Go中构建伪随机数生成器？

4.1 常见的数据结构和算法

本节将介绍两个著名的算法,它们可以教会我们很多关于将伪码和逻辑转换为Go代码的知识。这两个算法是:

(1) Dijkstra路径查找;

(2) 康威生命游戏。

学习这两个算法不仅会更新一些Go的概念并学习新的概念,还会接触一个全新的、我们从来没有涉及的知识——图形用户界面。

作为一门语言,Go从来就不是为了UI工作而设计的。然而,使用Go构建GUI是完全可能的。稍后我们将深入探讨这个问题。

4.2 Dijkstra路径查找算法

路径查找算法可以让你在图中找到从一个节点到另一个节点的一条"路径"。

"图"这个词可能看起来有点局限性,但世界上的很多事情都可以转化成"图"。以迷宫为例,你可以将迷宫表示为由许多单独块(tile)相互连接的图,其中,一些连接被墙壁阻断。

你甚至可以用所在城市的道路系统作为例子。不同的道路是相互连接的节点,具有一定的"开销"(cost),在现实世界中通常称为"距离"。但是,通过使用特定的技术,你可以将其他特征也考虑到该开销中,例如交通状况、路线的直接性等。

对于本例而言,假设我们正在处理的是图4.1所示的图。

我们要做的是计算出在图上给定任意两个节点时,从第一个节点到

第二个节点走哪条路线开销最低。例如,从C到D,你可以选择C→B→D,总开销是7,因为C→B是5,B→D是2。更优的路径是C→E→D,这种情况下,开销是6,即C→E是5,E→D是1。

Dijkstra算法的工作方式很有趣,因为它会查看每一条可能的路径,而不是试图将搜索范围缩小到更有可能达到目标的路径上。在某些扩展算法中,例如A*算法,我们使用所谓的"启发式"引导技术做出更好的选择,从而提高效率。启发式是对一个节点距离最终目标有多近的不完美的"估计"。

Dijkstra算法的内部工作原理并不像看上去那么简单,以至于你需要多花点时间才能理解算法的行为。理解这个算法的最好方法是一步一步地将它可视化。因此,让我们使用图4.2所示的图4.1的简化版本手动完成Dijkstra算法。

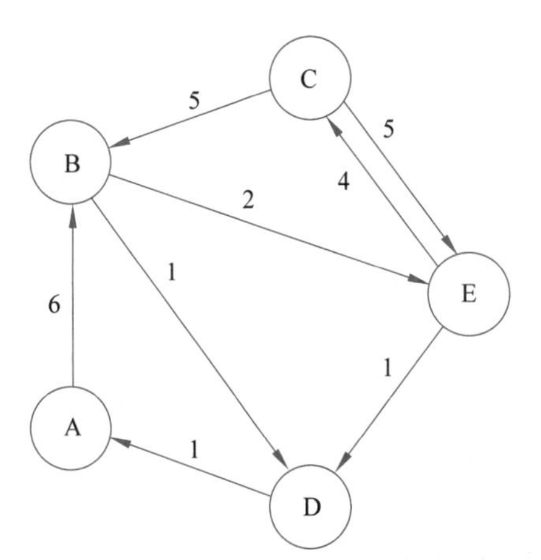

图4.1 执行Dijkstra路径查找的样图

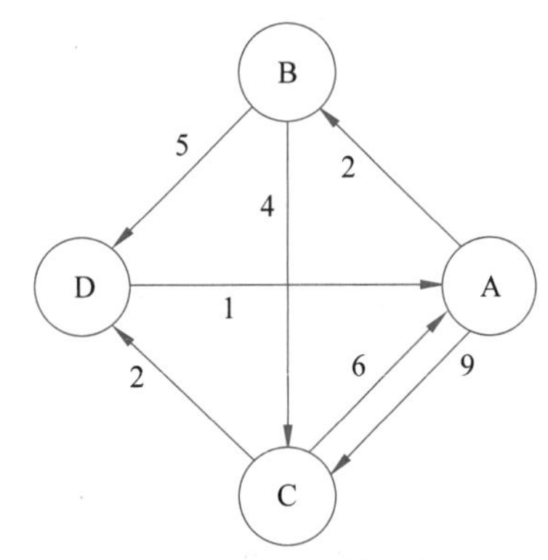

图4.2 图4.1简化版

算法开始执行时,我们创建了两个字典,其中键是图中的节点,值分别是浮点数和节点。这两个字典称为"距离"或"开销"和"父亲节点"或"前驱节点"。首先,让我们来看看表4.1中这些字典的表格表示。

表 4.1　初始 Dijkstra 路径查找算法的状态

节　　点	开　　销	父　节　点
A	INF	nil
B	INF	nil
C	INF	nil
D	INF	nil

如你所见，开销的默认值是无穷大，父节点的默认值是 nil。

当算法开始执行时，我们需要知道路径查找的源节点。对于这个节点，我们将开销设为 0，直观地说，这是有意义的。从源节点到其自身的开销是 0，它的父节点是 nil，这是因为你已经在那里了，前面没有节点了。

为了便于讨论，假设图中的源节点是节点 B。字典现在如表 4.2 所示。

表 4.2　更新根节点开销后的 Dijkstra 路径查找算法的状态

节　　点	开　　销	父　节　点
A	INF	nil
B	0	nil
C	INF	nil
D	INF	nil

我们现在需要做的是运行一个普通的 Dijkstra 算法迭代。从查看所有节点的开销开始找到开销最小的节点。因为除了节点 B 之外的所有节点的开销都是无穷大，所以节点 B 是开销最小的节点。

然后查询图，找到该节点的所有邻居节点，并确定它们的开销。可以看到图中节点 B 的邻居是节点 C 和 D。

从技术上讲，节点 B 与节点 A 共享一个连接，但那是从节点 A 到节点 B 的连接，所以不能从节点 B 移动到节点 A，因此这个连接对该逻辑来说是无效的。

从节点 C 开始(在本例中，顺序无关紧要)，节点 B 的开销加上到节点 C 的开销是否低于节点 C 本身的开销？这意味着“0+4 是否小于无穷大?”当然，结果为真。因此，我们将节点 C 的开销设置为 4(因为 0+4=4)，并将节点 C 的父节点设置为 B。

我们对节点 D 做了类似的处理，因为之前的开销是无穷大，所以新的开销 0(节点 B 的开销)加上 5(从节点 B 移动到节点 D 的开销)更低，这是因为任何有限数都小于无穷大，所以我们把开销设为 5，把父节点设为 B。

我们已经迭代了从节点 B 开始做出的动作，接下来再运行一次迭代。表 4.3 是字典目前的样子。

表 4.3 更新节点 C 和节点 D 的开销和父节点后的 Dijkstra 路径查找算法的状态

节点	开销	父节点
A	INF	nil
B	0	nil
C	4	B
D	5	B

我们发现节点 C 目前的开销最小。来看看节点 C 有哪些出站连接，我们看到节点 C 可以移动到节点 A 和节点 D，下面从确定它和节点 A 的关系开始。

节点 A 当前的开销为无穷大，因此无论 C(C→A)的开销如何，它都会更低。在本例中，结果为 10，因为节点 C 为 4，而连接开销为 6。因此，我们将节点 A 的开销设为 10，父节点设为节点 C。

然后看一下节点 D，节点 D 的开销已经是 5 了。节点 C 的开销是

4，节点C和节点D之间的连接开销是2。4+2=6，这意味着节点C和节点D之间的连接将比节点D已经具有的开销(来自节点B)更高，因此无须修改字典中节点D的值。

表4.4是字典的当前状态。

表4.4 更新节点A的开销和父节点后的Dijkstra路径查找算法的状态

节　点	开　销	父节点
A	10	C
B	0	nil
C	4	B
D	5	B

到目前为止，我们已经在节点B和节点C上运行了算法的迭代，所以，如果我们在表中寻找还没有迭代过的开销最小的节点，则会看到节点D，让我们继续在节点D上运行迭代。

节点D只能连接到节点A，如果我们把节点A的父节点换为节点D，则试着确定节点A的新开销。节点D的开销是5，它连接到节点A的开销只有5+1=6，这比表中现有的节点A的开销(10)要低，因此将节点A的开销从10改为6，节点A的父节点从节点C改为节点D。

更新后，字典如表4.5所示。

表4.5 更新节点A的开销和父节点后的Dijkstra路径查找算法的状态

节　点	开　销	父节点
A	6	D
B	0	nil
C	4	B
D	5	B

唯一剩下的节点是A，我们试着对它进行迭代，节点A连接到节点

B 和节点 C。

我们是否应该替换节点 B 的开销和父节点呢？直觉上，我们知道答案是否定的，因为节点 B 是源节点，让节点 A 成为它的父节点是没有意义的。但是，我们也可以用算法证明这一点，无论节点 A 和节点 B 之间连接开销是多少，我们都不会替换节点 B 的父节点，这是因为节点 B 的开销已经是我们能得到的最低值——0。所以，我们不考虑节点 B。

那么节点 C 呢？节点 A 的开销已经是 6，加上 A→C 的连接开销 9，总共是 15。15 大于现有开销 4，因此我们也不考虑节点 C。这意味着路径查找状态不会改变，依然与表 4.5 相同。

Dijkstra 算法所做的是创建另一个图，从中我们知道每个节点的开销最小的前驱节点来自哪里，同时要考虑到你是从某个特定的源节点开始的。

例如，假设你想从节点 B 到节点 A，让我们看一下表格。节点 A 的父节点是节点 D。节点 D 的父节点是节点 B，但是节点 B 是源节点，所以此时可以停止循环。

这表示 B→D→A 是从节点 B 到节点 A 的最高效的路径。

一旦你明白了这个算法，代码就更有意思了；否则，由代码创建的抽象层会使你理解表中任意节点的最有效路径变得更加困难。

下面让我们用 Go 开始编程吧！在接触实际代码之前，让我们看一下 Dijkstra 算法的伪码表示。

```
function Dijkstra(Graph, source):

    create vertex set Q

    for each vertex v in Graph:
        dist[v] ← INFINITY
        prev[v] ← UNDEFINED
```

```
        add v to Q
    dist[source] ← 0

    while Q is not empty:
        u ← vertex in Q with min dist[u]

        remove u from Q

        for each neighbor v of u: //only v that are still in Q
            alt ← dist[u] + length(u, v)
            if alt <dist[v]:
                dist[v] ← alt
                prev[v] ← u

    return dist[], prev[]
```

如你所见,伪码与我们前面描述的过程非常相似。

当在 Go 中实现该算法时,有各种不同的方法。我们将使用下面这个方法,这是因为它与我们刚才介绍的逻辑相符。

有一些基本信息是我们需要的,例如节点是如何相互连接的,从一个节点移动到另一个节点的开销以及连接方向。为了在 Go 中编码这些信息,我们将使用以下 3 个结构体。

```
type Node struct {
    Name string
    links []Edge
}

type Edge struct {
    from *Node
    to  *Node
    cost uint
}

type Graph struct {
```

```
    nodes map[string] * Node
}
```

Node 结构体包含单个节点的信息，主要是它连接到的其他节点以及节点的名称。

Edge 结构体包含一个指向边的起始节点的指针、一个指向边的终止节点的指针以及该连接的开销。

Graph 结构体只包含一个值，它是节点名称到指向节点本身的指针的映射。

我们还定义了一个非常小的辅助函数以创建一个新的图结构体实例，并获取指向它的指针。

```
func NewGraph() * Graph {
    return &Graph{nodes: map[string] * Node{}}
}
```

在开始编写有趣的路径查找程序之前，我们需要先编写一些基础结构，以便用户能够与实际的路径查找算法进行交互。这意味着它们必须能够获取图，并以某种方式用我们之前定义的 3 种结构体表示它。

我们将使用以下两个函数做到这一点。

```
func (g * Graph) AddNodes(names ...string) {
    for _, name := range names {
        if _, ok := g.nodes[name]; !ok {
                g.nodes[name] = &Node{Name: name, links: []Edge{}}
        }
    }
}

func (g * Graph) AddLink(a, b string, cost int) {
    aNode := g.nodes[a]
```

```
        bNode := g.nodes[b]
        aNode.links = append(aNode.links, Edge{from: aNode,
            ↳ to: bNode, cost: uint(cost)})
    }
```

这些函数无须过多解释。我们向 Graph 类型添加两个指针接收函数,一个用于添加没有连接的新节点,另一个用于向现有节点添加连接。

如果你想添加节点,则要为每个节点创建一个新节点,并为它指定一个名称,不用指定边,获取指向该节点的指针,并将该指针赋值为调用该函数的 Graph 中的节点映射中的值。

如果你想添加一个连接,则要从图中获取节点,并在第一个节点的连接上附加一条新边。

现在让我们来实现真正的路径查找！该如何表示开销和节点呢?我们已经有了节点结构体,简单起见,我们将使用 uint 数据类型表示开销,而不是 float。这就产生了一个问题:如何用整数表示无穷大?

浮点值有一组特定的位以表示无穷大的值,但整数则不是这样。因此,为了表示无穷大,我们将使用 Go 中可以存储的无符号整数的最大值。创建一个包含这个最大值的全局常量:

```
const INFINITY = ^uint(0)
```

它的工作原理是取一个值为 0 的无符号整数,这意味着这个数字中的所有位都是 0,然后对它们执行按位 NOT 运算,即“^”符号,这会将每个位都变为 1,使变量的值达到无符号整数所能容纳的最大值。

是时候实现 Dijkstra 算法了。在下面的代码中,我们使用与刚才看到的伪码相同的输入和输出,它只需要知道源节点,即可计算开销和父节点。

```
func (g *Graph) Dijkstra(source string) (map[string]uint,
    ↳map[string]string) {
    dist, prev := map[string]uint{}, map[string]string{}

    for _, node := range g.nodes {
        dist[node.Name] = INFINITY
        prev[node.Name] = ""
    }
    visited := map[string]bool{}
    dist[source] = 0
    for u := source; u != ""; u = getClosestNonVisitedNode(dist,
        ↳visited) {
        uDist := dist[u]
        for _, link := range g.nodes[u].links {
            if _, ok := visited[link.to.Name]; ok {
                continue
            }
            alt := uDist + link.cost
            v := link.to.Name
            if alt < dist[v] {
                dist[v] = alt
                prev[v] = u
            }
        }
        visited[u] = true
    }
    return dist, prev
}

func getClosestNonVisitedNode(dist map[string]uint,
    ↳visited map[string]bool) string {
    lowestCost := INFINITY
    lowestNode := ""
    for key, dis := range dist {
        if _, ok := visited[key]; dis == INFINITY || ok {
            continue
        }
        if dis < lowestCost {
```

```
            lowestCost = dis
            lowestNode = key
        }
    }
    return lowestNode
}
```

要了解这段代码是如何工作的，最好从代码的最后开始，即从代码的第二个函数开始。如你所知，伪码只定义了一个函数，但为什么在这个代码片段中会有两个单独的路径查找函数呢？

这是因为你需要自己实现很多你期望拥有的小功能。

在某些情况下，这对性能确实大有好处，因为并不用为所有事情都使用标准库，也不用围绕能够使用的标准库设计数据结构，而是围绕数据设计算法。然而，这有时也会对性能产生不利影响，因为你需要经常重复工作，并实现开源社区本可以做得更好的功能。

在本例中，第二个函数有一个非常简单的任务：获取告诉我们节点"开销"（本例中是"距离"）的字典，以及告诉我们是否访问过节点的映射，并找出开销最低且尚未访问过的节点。

该函数通过创建两个变量来实现这一点：具有最小距离值的节点距离以及该节点的名称。首先，我们不知道这些值，所以仅填充占位符值。例如，距离是无穷大（你马上就会知道这是为什么）。

然后，我们循环遍历 dist（距离）映射中的不同值，当看到距离小于存储在 lowestNode 和 lowestCost 变量中的节点时，更新最短距离和具有该距离的节点名称。

回到为什么"距离"的初始值是无穷大的问题上，不管我们遇到的第一个非无穷大距离的值是多少，最终都会替换占位符的值，因为任何非无穷大的数都会小于无穷大。

代码中的第二个函数（getClosestNonVisitedNode）中第 4 行的逻辑

非常有趣,因此在我们继续之前先深入介绍一下这个逻辑。

```
if _, ok := visited[key]; dis == INFINITY || ok {
```

这行代码试图使用我们从距离字典中获取的键来查询访问过的字典。当字典返回它的两个响应值时,我们忽略第一个,即实际值,而只关注字典中的第二个响应。第二个响应告诉我们这个键是否存在于字典中。如果键确实存在,则表示访问过该节点(无论其在字典中的值为何),并跳过循环迭代。如果我们知道这个节点的开销是无穷大,也就是说它还没有被计算或设置,则也会跳过这个迭代。

现在,我们终于可以关注第一个函数了,这才是真正有趣的地方,它被实现为Graph结构体上的指针接收器,这是因为我们需要在这个函数中修改图本身。

下面让我们逐段分析一下这个函数的作用。

```
dist, prev := map[string]uint{}, map[string]string{}

for _, node := range g.nodes {
    dist[node.Name] = INFINITY
    prev[node.Name] = ""
}
visited := map[string]bool{}
dist[source] = 0
```

第一部分首先创建开销和父节点(dist和prev)字典,并按照本章开头描述的方式对它们进行初始化。开销都是无穷大的,而父节点都是nil(在这里,nil表示空字符串,因为其值不是指针)。同时创建了表示是否访问过某个节点的字典,并将源节点的距离(开销)设置为0。

```
for u := source; u != ""; u = getClosestNonVisitedNode(dist,
    ↳visited) {
    uDist := dist[u]
```

这段代码有一个简单的功能：从源字符串开头的变量 u 开始执行 for 循环，然后直到变量 u 变为空字符串为止。在每次迭代之后，调用 getClosestNonVisitedNode 函数，将它需要的字典传递给它，并将结果存储在变量 u 中。这行代码背后的逻辑是，当该函数返回空字符串时，表示我们已经访问了所有节点，可以停止循环了。

在开始循环之后，我们仅查询所在节点的开销和距离字典，并将距离存储在 uDist 中。

```
for _, link := range g.nodes[u].links {
    if _, ok := visited[link.to.Name]; ok {
    continue
    }
    alt := uDist + link.cost
    v := link.to.Name
    if alt <dist[v] {
        dist[v] = alt
        prev[v] = u
    }
}
visited[u] = true
```

以上代码主要负责遍历该节点的输出连接，并运行我们之前讨论过的 Dijkstra 迭代。它首先检查这个节点是否已经被访问过，如果是，则不运行迭代。

如果节点没有被访问过，则运行迭代，包括计算该节点的新开销，以及检查新的开销是否低于先前计算的开销，如果是，则更新节点的父节点和开销的值。

在运行迭代之后，也要确保记录下刚刚访问过的存储在变量 u 中的节点，这样就不会在该节点上再次运行迭代了。

在这部分之后，只剩下一个任务了！我们需要返回开销和父字典，这样函数的调用者就可以在需要的时候运行实际的路径查找算法了。

```
return dist, prev
```

在开始使用这句代码之前，先定义一个简短的辅助函数，并打印出这些字典中的值。

```
func DijkstraString(dist map[string]uint, prev map[string string)
string {
    buf := &bytes.Buffer{}
    writer := tabwriter.NewWriter(buf, 1, 5, 2, ' ',0)
    writer.Write([]byte("Node\tDistance\tPrevious Node\t\n"))
    for key, value := range dist {
        writer.Write([]byte(key + "\t"))
        writer.Write([]byte(strconv.FormatUint(uint64(value), 10) +
"\t"))
        writer.Write([]byte(prev[key] + "\t\n"))
    }
    writer.Flush()
    return buf.String()
}
```

你不需要担心这个函数是如何工作的，但是从更高的层面来看，其输入是 Dijkstra 函数中的两个字典，输出是一个字符串，它表示字典的表格形式。

该函数通过创建一个新的字节缓冲区进行工作，该缓冲区最终将被转换为字符串。下面使用一个名为 tabwriter 的模块简化这个过程。我们在 tabwriter 上调用 NewWriter 以获得一个 writer 新实例，最小宽度为 1，制表符宽度为 5，填充字符为 2 个字符，填充字符为空格，没有特殊标志。然后写入标题行，后面是 dist（开销）字典中的每个键及其值，最后是 prev 字典中的父节点。

接着在 writer 上调用 Flush()（告诉它将任何变化捕获到实际缓冲区），然后将缓冲区转换为字符串，并从函数返回该字符串。

现在,让我们看看如何使用这些字典在实际的图上运行路径查找。假设我们正在处理前面的图,即图 4.3。

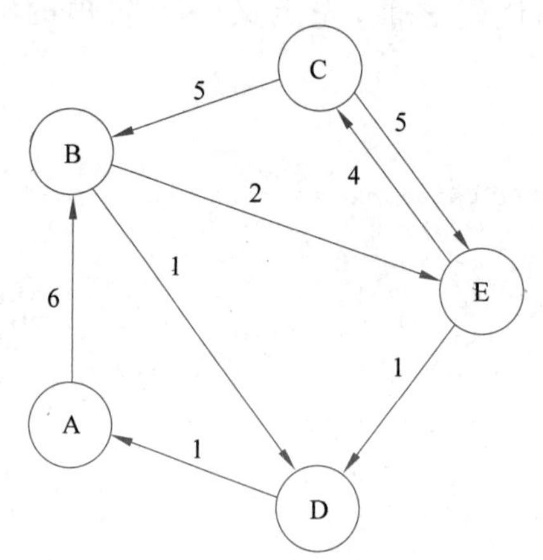

图 4.3 用于 Dijkstra 路径查找算法的样图

下面为这个程序编写一个 main 函数。main 函数将在代码开始定义的结构体中重新创建前面的图,然后从某个源节点开始运行 Dijkstra 算法。

```
func main() {
    g := NewGraph()
    g.AddNodes("a", "b", "c", "d", "e")
    g.AddLink("a", "b", 6)
    g.AddLink("d", "a", 1)
    g.AddLink("b", "e", 2)
    g.AddLink("b", "d", 1)
    g.AddLink("c", "e", 5)
    g.AddLink("c", "b", 5)
    g.AddLink("e", "d", 1)
    g.AddLink("e", "c", 4)
    dist, prev := g.Dijkstra("a")
    fmt.Println(DijkstraString(dist, prev))
}
```

现在,你的代码看起来应该是下面这样。

代码清单 4.1　“Dijkstra 路径查找算法”应用程序

```
package main

import (
    "bytes"
    "fmt"
    "strconv"
    "text/tabwriter"
)

const INFINITY = ^uint(0)

type Node struct {
    Name string
    links []Edge
}

type Edge struct {
    from *Node
    to *Node
    cost uint
}

type Graph struct {
    nodes map[string]*Node
}

func NewGraph() *Graph {
    return &Graph{nodes: map[string]*Node{}}
}

func (g *Graph) AddNodes(names ...string) {
    for _, name := range names {
        if _, ok := g.nodes[name]; !ok {
            g.nodes[name] = &Node{Name: name, links: []Edge{}}
        }
    }
```

```
}

func (g *Graph) AddLink(a, b string, cost int) {
    aNode := g.nodes[a]
    bNode := g.nodes[b]
    aNode.links = append(aNode.links, Edge{from: aNode,
        ↳to: bNode, cost: uint(cost)})
}
func (g *Graph) Dijkstra(source string) (map[string]uint,
    ↳map[string]string) {
    dist, prev := map[string]uint{}, map[string]string{}

    for _, node := range g.nodes {
        dist[node.Name] = INFINITY
        prev[node.Name] = ""
    }
    visited := map[string]bool{}
    dist[source] = 0
     for u := source; u != ""; u = getClosestNonVisitedNode(dist,
visited) {
        uDist := dist[u]
        for _, link := range g.nodes[u].links {
            if _, ok := visited[link.to.Name]; ok {
            continue
            }
            alt := uDist + link.cost
            v := link.to.Name
            if alt <dist[v] {
                dist[v] = alt
                prev[v] = u
            }
        }
        visited[u] = true
    }
    return dist, prev
}

func getClosestNonVisitedNode(dist map[string]uint,
```

```
    ↳visited map[string]bool) string {
    lowestCost := INFINITY
    lowestNode := ""
    for key, dis := range dist {
        if _, ok := visited[key]; dis == INFINITY || ok {
        continue
        }
        if dis <lowestCost {
            lowestCost = dis
            lowestNode = key
        }
    }
    return lowestNode
}

func main() {
    g := NewGraph()
    g.AddNodes("a", "b", "c", "d", "e")
    g.AddLink("a", "b", 6)
    g.AddLink("d", "a", 1)
    g.AddLink("b", "e", 2)
    g.AddLink("b", "d", 1)
    g.AddLink("c", "e", 5)
    g.AddLink("c", "b", 5)
    g.AddLink("e", "d", 1)
    g.AddLink("e", "c", 4)
    dist, prev := g.Dijkstra("a")
    fmt.Println(DijkstraString(dist, prev))
}

func DijkstraString(dist map[string]uint, prev map[string]string)
string {
    buf := &bytes.Buffer{}
    writer := tabwriter.NewWriter(buf, 1, 5, 2, ' ',0)
    writer.Write([]byte("Node\tDistance\tPrevious Node\t\n"))
    for key, value := range dist {
        writer.Write([]byte(key + "\t"))
        writer.Write([]byte(strconv.FormatUint(uint64(value), 10) + "\t"))
```

```
        writer.Write([]byte(prev[key] + "\t\n"))
    }
    writer.Flush()
    return buf.String()
}
```

在本例中，源节点是 a。所以，当从节点 a 向外运行路径查找算法到其他各节点时，你会看到以下输出。

```
Node  Distance  Previous Node
 a       0
 b       6          a
 c      12          e
 d       7          b
 e       8          b
```

如果你想确定从节点 A 到节点 D 的最佳路径，需要做的就是根据字典进行判断——节点 D 的父节点是节点 B，节点 B 的父节点是节点 A，所以 A→B→D 是从节点 A 到节点 D 的开销最小的路径。

虽然这只是演示如何使用 Dijkstra 算法确定图中最短路径的一个非常简单的示例，但该代码也可以用于更大规模的应用程序中。此外，在实现该示例的过程中，学习到的概念将有助于你更好地使用 Go 语言。

4.3 康威生命游戏

康威生命游戏在数学和技术领域中很受欢迎，它与传统游戏不同，是一款零玩家的游戏，这意味着在第一次设置环境或状态之后，就不能再修改它。

康威生命游戏是由数学家 John Conway 在 1970 年发明的。从技术上讲，生命游戏是一种“细胞自动机”，这表示游戏由一组细胞组成，根据一些数学规则，这些细胞要么存活，要么死亡，要么繁殖。

有趣的是，你可以从一个非常简单的初始状态得到一些非常复杂的行为，如图 4.4 中的网格所示。

图 4.4　游戏开始时的“康威生命游戏”网格

这是一张网格图，实际上是细胞的集合。所有灰色的细胞都是“死亡的”，所有白色的细胞都是“存活的”。在每次迭代中，可以通过一些规则确定细胞应该死亡、存活还是保持不变。有了这个特定的初始设置后，使用 Conway 规则，你会看到白色单元格无限地向网格的右下角移动。

仅仅看这个游戏的静态图是不直观的，你可以去 Edwin Martin 的网站（www.bitstorm.org/gameoflife）上看看这个游戏的动态实现。

现在，让我们看看如何在 Go 中实现这个游戏。首先，让我们快速回顾一下游戏规则。

(1) 如果一个细胞是存活状态：

a. 当它有少于 2 个存活的邻居时，它变为死亡状态；

b. 当它有 2～3 个存活的邻居时，它保持存活状态；

c. 当它有超过 3 个存活的邻居时，它变为死亡状态。

（2）如果一个细胞是死亡状态：

当它有 3 个存活的邻居时，它变为存活状态。

这些规则看似简单，它们不仅在视觉上呈现出有趣的行为，甚至是图灵完备（Turing complete）的！你可以在一个初始生命游戏状态中实现计算器、Go 语言编程或任何可计算任务。

在该示例中，我们将创建一个图形用户界面，这样你就可以真正看到生命游戏在做什么。为此，我们将使用一个名为 pixel 的软件包。以下是我们需要的所有导入：

```
import (
    "github.com/faiface/pixel"
    "github.com/faiface/pixel/pixelgl"
    "image/color"
    "math/rand"
)
```

我们还将创建一个结构体，它负责存储渲染到屏幕上的信息，它只存储两个非常简单的信息：正在渲染的像素和屏幕的宽度。只存储宽度而不存储高度的原因是不需要用它计算像素的索引。我们稍后将对此进行讨论。

还有一点需要注意：像素的存储方式是放在一个无符号 8 位整数的一维数组中。在这个数组中，每个像素有 4 个值，依次按照红色、绿色、蓝色和 Alpha 的顺序存放。其中，Alpha 表示透明度。

```
type Pixels struct {
    //RGBA colors
    Pix []uint8
    Width int
}
```

在继续之前，首先需要理解不存储高度的原因。当我们需要在给定(x，y)坐标的Pix数组中找到像素的索引时(这里的x和y是从屏幕左上角开始的索引，坐标是(0,0))，需要做的就是计算出((y×width)+x)×4，然后就得到了像素的R元素的索引。加1，得到G；加2，得到B；加3，得到A；再加上4，就找到了下一个像素的R元素。

因此，虽然出于安全考虑可以存储高度，例如确保用户输入的是一个有效的Y坐标，但我们不需要这样做。

现在，需要创建一些函数以帮助我们更容易地与这个结构体进行交互。例如，将结构体初始化为一个只有特定宽度的黑色像素的屏幕，或者是一个可以在特定坐标处设置像素颜色的函数。

从技术上讲，我们可以在导入的Pixel模块中使用已经为此任务构建的函数。然而，图形渲染是计算密集型的，Pixel模块实现这些方法的速度相对较慢。如果我们直接使用这些方法，就不可能实时运行大规模的生命游戏。这需要一些时间，不是通过计算迭代，而是让Pixel渲染计算的迭代。

因此，我们将通过编写自己的函数来实现这些基本功能。这样，你可以学习一些新技巧，并养成解决问题的习惯，即使问题是由其他人编写的代码产生的。记住，Go从来都不是为GUI工作而构建的，但是如果你真的需要，也可以使用Go。

```
func NewPixels(width, height int) * Pixels {
    return &Pixels{Width: width, Pix: make([]uint8, width * height * 4)}
}

func (p * Pixels) DrawRect(x, y, width, height int, rgba color.RGBA) {
    for idx := 0; idx <width; idx++ {
        for idy := 0; idy <height; idy++ {
            p.SetColor(x+idx, y+idy, rgba)
        }
```

```
        }
    }


    func (p * Pixels) SetColor(x, y int, rgba color.RGBA) {
        r, g, b, a := rgba.RGBA()
        index := (y * p.Width + x) * 4
        p.Pix[index] = uint8(r)
        p.Pix[index+1] = uint8(g)
        p.Pix[index+2] = uint8(b)
        p.Pix[index+3] = uint8(a)
    }
```

正如你看到的,这些函数非常简单。NewPixels 是对 pixels 数组的初始化,创建一个新的 Pixels 结构体,并传递一个指向它的指针。DrawRect 将获取矩形的左上角坐标、宽度和高度以及颜色,并将该矩形绘制到 Pixels 结构体中。最后,SetColor 将找到二维坐标中对像素一维索引并设置颜色。

我们已经完成了大部分 GUI 的基础工作,现在可以研究生命游戏的逻辑了。生命游戏中的主要任务之一是能够计算某个节点的邻居。与其他算法不同,在生命游戏中,即使是对角线上的节点,也被认为是有效的邻居。因此,在图 4.5 中,对于中间的节点(带圆圈的节点),所有用箭头指向的其他 8 个节点都被认为是其邻居。

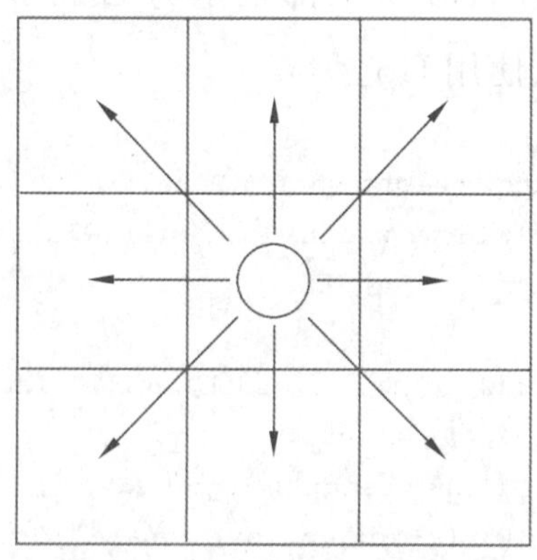

图 4.5　一个节点的邻居节点

为了实现计算仍然存活的邻居数量的逻辑，我们将从邻居的左上角开始，移动到该行的末尾，然后向下移动一行，移动到该行的末尾，以此类推。我们跳过所有可能不在屏幕上的索引(例如，对于屏幕最左边的一个框，我们不会计算其更左边的邻居)，以及正在计算邻居的节点。

下面是实现该逻辑的函数。

```
func CountNeighbors(matrix [][]int) [][]int {
    neighbors := make([][]int, len(matrix))
    for idx, val := range matrix {
        neighbors[idx] = make([]int, len(val))
    }
    for row := 0; row < len(matrix); row++ {
        for col := 0; col < len(matrix[row]); col++ {
            for rowMod := -1; rowMod < 2; rowMod++ {
                newRow := row + rowMod
                if newRow < 0 || newRow >= len(matrix) {
                    continue
                }
                for colMod := -1; colMod < 2; colMod++ {
                    if rowMod == 0 && colMod == 0 {
                        continue
                    }
                    newCol := col + colMod
                    if newCol < 0 || newCol >= len(matrix[row]) {
                        continue
                    }
                    neighbors[row][col] += matrix[newRow][newCol]
                }
            }
        }
    }
    return neighbors
}
```

如果仔细观察，你肯定会看到从左上角往下依次移动到每一行以计算邻居的逻辑。函数中的第一个 for 循环只负责初始化一个二维数组，该数组将存储每个细胞的“存活”邻居的数量。

然后，第二个 for 循环，实际上是 3 个循环中的第一个 for 循环会遍历每个细胞，使用其内部的两个循环运行逻辑以计算该细胞的“存活”邻居的数量。

4 个嵌套循环中的第一个循环（最外层的循环）负责从一行的开始移动到末尾。第二个内循环负责从一行移动到另一行。每当遇到无法获取值的行或列时，如超出了范围，就跳过迭代。如果发现行和列与我们试图计算的邻居的细胞具有相同的索引，也会跳过迭代。

但是，如果没有满足这些保护条件，并且处于一个有效的索引，则查看邻居的值，如果它是存活状态，则增加 neighbors 数组中该细胞的值。

在继续之前，让我们创建另一个名为 GameOfLife 的结构体，它包含一个表示当前环境状态的游戏板，我们将渲染该游戏板的像素以及板上单元格的大小。这是因为一个单元格不仅仅是一个像素（那会非常小），相反，每个单元格在屏幕上都有一定的大小，这就是我们需要存储的内容。

```
type GameOfLife struct {
    gameBoard [][]int
    pixels * Pixels
    size int
}
```

为了实现这一点，我们会创建一些简单的辅助函数，这些函数可以创建一个新的 Game of Life 实例，其中有一个空的游戏板，以及一个可以用随机细胞填充游戏板的函数，这表示它们都有 50%死亡或存活的概率。

```
func NewGameOfLife(width, height, size int) * GameOfLife {
    gameBoard := make([][]int, height)
```

```
    for idx := range gameBoard {
        gameBoard[idx] = make([]int, width)
    }
    pixels := NewPixels(width * size, height * size)
     return &GameOfLife{gameBoard: gameBoard, pixels: pixels, size:
size}
}

func (gol *GameOfLife) Random() {
    for idy := range gol.gameBoard {
        for idx := range gol.gameBoard[idy] {
            gol.gameBoard[idy][idx] = rand.Intn(2)
        }
    }
}
```

现在,让我们创建一个函数,使之可以根据本节前面定义的条件和刚刚定义的 CountNeighbors 函数的输出,帮助我们真正地运行康威生命游戏的单次迭代。

在该函数中,还要更新画布。因为我们只是在更新自己创建的画布,实际上并没有渲染到屏幕上,因此速度非常快,几乎没有增加任何开销。

```
func (gol *GameOfLife) PlayRound() {
    neighbors := CountNeighbors(gol.gameBoard)
    for idy := range gol.gameBoard {
        for idx, value := range gol.gameBoard[idy] {
            n := neighbors[idy][idx]
            if value == 1 && (n == 2 || n == 3) {
                continue
            } else if n == 3 {
                gol.gameBoard[idy][idx] = 1
                gol.pixels.DrawRect(idx * gol.size, idy * gol.size,
                    ↪ gol.size, gol.size, Black)
            } else {
```

```
                gol.gameBoard[idy][idx] = 0
                gol.pixels.DrawRect(idx * gol.size, idy * gol.size,
                ↪ gol.size, gol.size, White)
            }
        }
    }
}
```

这段代码也非常简单，它实现了一个指向 GameOfLife 结构体的指针接收器，不接收任何其他参数，也不返回任何值，因为它修改了其传递给指针的原始结构。

在这个函数中，我们首先计算游戏板中每个细胞的所有“存活”邻居，然后循环遍历游戏板中的每个 Y 索引。在每次迭代时，通过游戏板下角标获取该行，然后循环遍历这一行的每一列。如果细胞是存活的，并且邻居数是 2 或 3，则保持细胞状态不变。否则，如果邻居数为 3，则将细胞转变为存活状态。同样，如果前面的条件都不满足，则把细胞转变为死亡状态。

每当我们将细胞的存活状态更改为存活或死亡时，也要对像素进行必要的更改。

最后，让我们将所有代码结合到一个 main 函数中，用该函数创建一个画布，在画布上渲染像素、创建生命游戏、运行迭代并更新画布。一旦窗口关闭，生命游戏的迭代便将结束，程序将会退出。

```
func run() {
    size := float64(2)
    width := float64(400)
    height := float64(400)
    cfg := pixelgl.WindowConfig{
        Title: "Conway's Game of Life",
        Bounds: pixel.R(0, 0, width * size, height * size),
        VSync: true,
```

```
    }
    win, err := pixelgl.NewWindow(cfg)
    if err != nil {
        panic(err)
    }
    gol := NewGameOfLife(int(width), int(height), int(size))
    gol.Random()
    for !win.Closed() {
        gol.PlayRound()
        win.Canvas().SetPixels(gol.pixels.Pix)
        win.Update()
    }
}

func main() {
    pixelgl.Run(run)
}
```

现在的代码看起来应该是这样的。

代码清单 **4.2**　“康威生命游戏”应用程序

```
package main

import (
    "github.com/faiface/pixel"
    "github.com/faiface/pixel/pixelgl"
    "image/color"
    "math/rand"
)

var (
    Black = color.RGBA{0, 0, 0, 255}
    White = color.RGBA{255, 255, 255, 255}
)

//Canvas
type Pixels struct {
```

```
    //RGBA colors
    Pix []uint8
    Width int
}

//Create a new canvas with dimension width x height
func NewPixels(width, height int) *Pixels {
    return &Pixels{Width: width, Pix: make([]uint8, width*height*4)}
}

func (p *Pixels) DrawRect(x, y, width, height int, rgba color.RGBA) {
    for idx := 0; idx <width; idx++ {
        for idy := 0; idy <height; idy++ {
            p.SetColor(x+idx, y+idy, rgba)
        }
    }
}

func (p *Pixels) SetColor(x, y int, rgba color.RGBA) {
    r, g, b, a := rgba.RGBA()
    index := (y*p.Width + x) * 4
    p.Pix[index] = uint8(r)
    p.Pix[index+1] = uint8(g)
    p.Pix[index+2] = uint8(b)
    p.Pix[index+3] = uint8(a)
}

type GameOfLife struct {
    gameBoard [][]int
    pixels *Pixels
    size int
}

//Create a new GameOfLife structure with width*height number
//of cells.
//Size control how big to render the board game
func NewGameOfLife(width, height, size int) *GameOfLife {
    gameBoard := make([][]int, height)
```

```
    for idx := range gameBoard {
        gameBoard[idx] = make([]int, width)
    }
    pixels := NewPixels(width * size, height * size)
    return &GameOfLife{gameBoard: gameBoard, pixels: pixels, size: size}
}

func (gol * GameOfLife) Random() {
    for idy := range gol.gameBoard {
        for idx := range gol.gameBoard[idy] {
            gol.gameBoard[idy][idx] = rand.Intn(2)
        }
    }
}

func CountNeighbors(matrix [][]int) [][]int {
    neighbors := make([][]int, len(matrix))
    for idx, val := range matrix {
        neighbors[idx] = make([]int, len(val))
    }
    for row := 0; row <len(matrix); row++ {
        for col := 0; col <len(matrix[row]); col++ {
            for rowMod := -1; rowMod <2; rowMod++ {
                newRow := row + rowMod
                if newRow <0 || newRow >= len(matrix) {
                    continue
                }
                for colMod := -1; colMod <2; colMod++ {
                    if rowMod == 0 && colMod == 0 {
                        continue
                    }
                    newCol := col + colMod
                    if newCol <0 || newCol >= len(matrix[row]) {
                        continue
                    }
                    neighbors[row][col] += matrix[newRow][newCol]
                }
            }
```

```
        }
    }
    return neighbors
}

func (gol *GameOfLife) PlayRound() {
    neighbors := CountNeighbors(gol.gameBoard)
    for idy := range gol.gameBoard {
        for idx, value := range gol.gameBoard[idy] {
            n := neighbors[idy][idx]
            if value == 1 && (n == 2 || n == 3) {
                continue
            } else if n == 3 {
                gol.gameBoard[idy][idx] = 1
                gol.pixels.DrawRect(idx * gol.size, idy * gol.size,
                    ↳gol.size, gol.size, Black)
            } else {
                gol.gameBoard[idy][idx] = 0
                gol.pixels.DrawRect(idx * gol.size, idy * gol.size,
                    ↳gol.size, gol.size, White)
            }
        }
    }
}

func run() {
    size := float64(2)
    width := float64(400)
    height := float64(400)
    cfg := pixelgl.WindowConfig{
    Title: "Conway's Game of Life",
    Bounds: pixel.R(0, 0, width * size, height * size),
    VSync: true,
    }
    win, err := pixelgl.NewWindow(cfg)
    if err != nil {
        panic(err)
    }
```

```
    gol := NewGameOfLife(int(width), int(height), int(size))
    gol.Random()
    for !win.Closed() {
        gol.PlayRound()
        win.Canvas().SetPixels(gol.pixels.Pix)
        win.Update()
    }
}

func main() {
    pixelgl.Run(run)
}
```

当运行该程序时,你会看到一个如图 4.6 所示的窗口。在这个窗口中,生命游戏正在消灭和繁殖新的细胞。

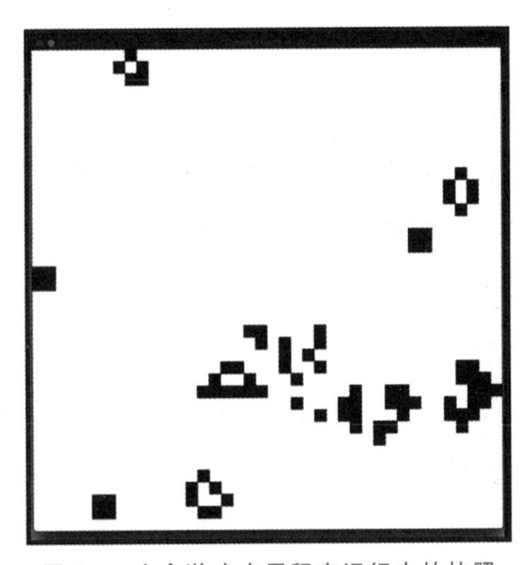

图 4.6　生命游戏应用程序运行中的快照

太神奇了！你不仅在 Go 中构建了一个真正的应用程序,还为它构建了一个完整的 GUI。现在,我们希望你能构建另一个没有用户界面的应用程序。下面我们将实现世界上热门的技术之一的构建块——区块链！

4.4 工作量证明

这个示例应用程序的名称和逻辑听起来有点吓人，但其基本思想实际上非常简单。我们大体上是在尝试暴力破解一个在数学上不可能计算出来的值。

实际上，这个应用程序的代码大约有 20 行，并不多，但是你将会在第 5 章看到为什么它是一个特别重要的示例。

我们必须从基本的知识开始理解这个示例。有一类称为“加密哈希函数”的函数，这些函数背后的思想是，它们可以将任意字节序列映射为已知的大小。输入的一个很小的波动就能引起输出的剧烈变化。因为输出是固定大小的，而输入可以是无穷大的，所以有无穷多的输入可以映射到一个特定的输出。

当有两个独立的输入通过哈希函数映射到相同的输出时，这被称为“哈希冲突”。对于某些系统来说，这可能是有问题的。然而，由于可能的输出数量巨大（我们一会儿会讲到），因此这种情况发生的概率非常低，基本上可以忽略不计。

常见的哈希函数之一是 SHA256，它输出一个 256 位（32 字节）长的哈希值。为了让你理解“输入的微小变化会极大地影响输出”的含义，以下是“Tanmay Bakshi”的 SHA256 哈希的十六进制表示：

```
0x315920ffce53870d99f349ed8cebaab5c30f8efcc2f6ff835fe594e253928b54
```

下面是“Tbnmay Bakshi”的哈希值。只有一个字符发生了改变，只是从“a”变成了“b”，是一个单一值的变化。

```
0x6d3d44c306e9367484621e6639171226fc3b2daff31a8e60efb06168f2e7904f
```

正如你看到的，它们根本不相似！破解这些哈希值基本上是不可能的(这将需要几十年的时间，在排名前 10 位的超级计算机上才有可能解决此问题)，而当未来找到解决方案时，哈希所保护的数据也将失去其价值。

然而，有一种特定的技术找到了一种非常睿智的方法来使用哈希函数的这个属性——区块链。在区块链中，目标是验证交易“块”的真实性，以确定任何特定钱包地址中有多少货币。我们可以通过确定为了使区块合法化而投入了多少“工作量”来验证区块的真实性。

例如，以下面的字符串为例：

```
"Tanmay Bakshi + Baheer Kamal"
```

这是一个十分标准的字符串，SHA256 哈希的十六进制可表示为：

```
0x9D2BE96E68D9432AB2D883C51C2CD872DCACA6CA1495EF8A4E8865A9CCA7FBA9
```

现在，假设我们想要在这个字符串的末尾添加一个特定的字节序列，使得输出的前几个字节都是 0。当然，这将需要大量的工作，但这是可能的。例如，当你要找到以下字符串的哈希值时：

```
"Tanmay Bakshi + Baheer KamalEHjjDodhxmxORke8hv0t"
```

其十六进制形式为：

```
0x00000096408c134fb028dd260ce9e682e3524538442f34c874b4a4e7267997d2
```

只要附加上那个神奇的序列，我们就能找到一个满足条件的哈希值！事实上，找到这些 0 只需要大约 1300 万次随机字符串的尝试，而 Go 可以在 3 秒内完成，这意味着它每秒能处理大约 400 万个随机哈希值。

在区块链技术中,并不会有像“Tanmay Bakshi ＋ Baheer Kamal”这样的字符串。你会通过一个字节序列来表示支付和其他交易,通过找到满足工作量证明条件的神奇序列,并在你创建的下一个交易块中引用这个区块,就可以确保他人无法篡改已经发生的交易,这是因为如果他人篡改了一个区块,那么整个工作量证明链就会失效。除非他人通过一些不太可能的巧合找到了一种算法,可以返回区块链需要的正确哈希值,否则我们完全不需要担心。

其背后的代码非常适合单个函数。但是,在开始之前,我们首先需要实现一些程序和辅助函数。

```
import (
    "github.com/dustin/go-humanize"
    "time"
    "fmt"
    "crypto/sha256"
)
```

现在来看辅助函数。例如,我们需要一个可以生成随机数的函数:

```
func RandomNumber(seed uint64) uint64 {
    seed ^= seed <<21
    seed ^= seed >> 35
    seed ^= seed <<4
    return seed
}
```

我们完全知道你在想什么:“Go 的标准库不能让我们生成随机数吗?”是的,Go 已经提供了生成随机数的函数。然而,标准库中内置的函数非常少。

记住,计算机并不能生成随机数,它们是确定性的。从技术上讲,宇宙中的一切在宏观层面上都是确定的,而事件只有在量子层面才被认为是有一定概率的。在宇宙中,最接近随机的是混沌,就像天气一样。计算机实现了称为“伪随机数生成器”的算法,它使用混沌数学来生成“足够均匀”的随机数。

这些算法在计算时间方面都相当廉价,但它们的复杂性又各不相同。有些非常简单,并且给出了“足够好”的数字分布,而有些非常昂贵,并且提供了加密安全的随机数。对于我们的用例而言,我们不需要任何昂贵的东西,只需要超级简单的随机数。这就是为什么在本例中只需要实现非常简单的 PRNG(伪随机数生成器)的原因。

我们希望 PRNG 在 CPU 周期方面如此低廉的原因是这个函数将被调用数千万甚至数亿次,如果一不小心,函数的 CPU 周期就会增加很多的运行时间。这只是表明,当你优化代码时,确实需要优化热点代码,即使它们看起来很简单,而只被调用几次的复杂代码则不需要良好的优化。

回到我们实现的函数中,伪随机数生成器只是获取一个随机数种子,对其运行一些位级(bit-level)操作,然后返回新数字。其用法背后的思想是,如果想要一个特定范围内的随机数,我们就会向该函数输入一个种子以获取结果,并对该范围的长度进行取模运算。这里有一个例子:

```
//generate random number from 0 to 9 (inclusive)
seed := 42 //this can be anything
seed = RandomNumber(seed) //this generates the new seed
rn := seed %10 //this is your random number
seed = RandomNumber(seed) //this generates another new seed
rn := seed %10 //this is another random number
```

请记住,当用相同的种子开始执行这个随机数链时,你会得到相同的随机数,毕竟计算机是确定性的,这就是为什么我们会用一些快速变化的东西作为种子,例如从 1970 年开始的秒数的时间戳。

我们不会在接下来的代码中使用前面的代码,但这是它的基础。

接下来,以同样的方式,我们需要一个可以生成随机字符串的函数。这个函数需要一个全局变量,可以从中提取字符以在随机字符串中使用。下面是全局变量和函数的实现。

```
var characterSet = []byte("abcdefghijklmnopqrstuvwxyzABCDEFGHIJ
↳KLMNOPQRSTUVWXYZ1234567890")

func RandomString(str []byte, offset int, seed uint64) uint64 {
    for i := offset; i <len(str); i++ {
        seed = RandomNumber(seed)
        str[i] = characterSet[seed%62]
    }
    return seed
}
```

这个函数的工作方式非常简单。在函数声明之前,我们定义了一个名为 characterSet 的新全局变量。这个变量是一个字节数组,这个数组是从一个字符串定义的,每个字符都是这个数组中的元素。我们将从这个数组中为随机字符串选择字符。

函数本身接收一个字节片,其中包含一个完整的字符串,如“Tanmay Bakshi 1 Baheer Kamalxxxxxx”和一个偏移量,告诉函数“xxxxxx”部分在字符串中的开始位置。我们还会获取一个随机种子。

然后,从随机部分的开头(偏移量)循环到字符串的末尾,在每个索引处,在字符集中放置一个随机字符,使用我们刚才编码的 PRNG 选择它们。

最后,该函数只需要返回新的种子值。这个函数的设计方式使得我们不需要在内存中复制字符串,当想要尝试一个新的哈希值时,我们可以在每次迭代中利用下一组更新的随机字符重用内存中的相同空间,这使得代码的执行速度变得更快。

最后,让我们实现一个辅助函数,使之可以接收一个字符串和一个工作条件的证明，并告诉我们是否满足了这个条件。

```
func Hash(data []byte, bits int) bool {
    bs := sha256.Sum256(data)
    nbytes := bits / 8
    nbits := bits %8
    idx := 0
    for ; idx <nbytes; idx++ {
        if bs[idx] > 0 {
            return false
        }
    }
    return (bs[idx] >> (8 -nbits)) == 0
}
```

这个函数既接收需要检查的数据，也接收哈希中我们期望的所有连续起始位都是0的数量，它通过以下几个简单的步骤实现：

(1) 使用Golang的内置加密包计算数据的SHA256哈希值；

(2) 计算全部为0的字节数；

(3) 计算全部为0的字节后的位数；

(4) 循环遍历字节并在高层检查它们，如果任何字节具有非零值(没有满足工作条件的证明)，则返回false；

(5) 如果字节正常，则运行移位以检查最后几个位是否满足工作条件。如果是，则返回true；否则返回false。

现在我们已经完成了辅助函数。最后，让我们转到这段代码的主要部分，即实际查找随机字符匹配序列的函数中。

```
func pow(prefix string, bitLength int) {
    start := time.Now()

    totalHashesProcessed := 0
    seed := uint64(time.Now().Local().UnixNano())
```

```
    randomBytes := make([]byte, 20)
    randomBytes = append([]byte(prefix), randomBytes...)
    for {
        totalHashesProcessed++
        seed = RandomString(randomBytes, len(prefix), seed)
        if Hash(randomBytes, bitLength) {
            fmt.Println(string(randomBytes))
            break
        }
    }

    end := time.Now()

    fmt.Println("time:", end.Sub(start).Seconds())
    fmt.Println("processed", humanize.Comma(int64
(totalHashesProcessed)))
    fmt.Printf("processed/sec: %s\n", humanize.Comma(int64(
        ↪float64(totalHashesProcessed)/end.Sub(start)
        ↪Seconds())))
}
```

正如你看到的，由于我们创建了辅助函数，因此该函数才能如此简单。函数开始时记录它开始执行的时间，使用这个值，在函数的最后可以计算出找到一个解花费的时间，以及每秒可以处理的哈希数。

然后，我们创建了几个需要的变量，例如已检查的哈希总数、随机种子（基于时间戳）和表示前缀字符串的字节数组，其中包含一堆随机字符。

接下来，运行一个无限循环，我们总是从增加处理的哈希数开始，这是因为如果已经执行到这个阶段，则将处理一个哈希值。然后，在字符串中填充新的随机字符并刷新随机种子。检查是否满足工作条件，如果满足，则打印解决方案并跳出循环。如果没有满足，则继续循环迭代，直至碰到断点（break）。

然后，我们获取结束时间，并打印出一些统计数据。我们使用一个名为 humanize 的模块在大量数字中添加逗号,以使它们更易于阅读。

我们只需要再做一件事:添加一个调用 pow 的 main 函数。

```
func main() {
    pow("Tanmay Bakshi + Baheer Kamal", 24)
}
```

完整代码看起来应该是这样的。

代码清单 4.3 “工作量证明”应用程序

```
package main

import (
    "github.com/dustin/go-humanize"
    "time"
    "fmt"
    "crypto/sha256"
)

var characterSet = []byte("abcdefghijklmnopqrstuvwxyzABCDEFGHIJ
↳ KLMNOPQRSTUVWXYZ1234567890")

func RandomNumber(seed uint64) uint64 {
    seed ^= seed <<21
    seed ^= seed >> 35
    seed ^= seed <<4
    return seed
}

func RandomString(str []byte, offset int, seed uint64) uint64 {
    for i := offset; i <len(str); i++ {
        seed = RandomNumber(seed)
        str[i] = characterSet[seed% 62]
    }
    return seed
}
```

```
func Hash(data []byte, bits int) bool {
    bs := sha256.Sum256(data)
    nbytes := bits / 8
    nbits := bits %8
    idx := 0
    for ; idx <nbytes; idx++ {
        if bs[idx] > 0 {
            return false
        }
    }
    return (bs[idx] >> (8 -nbits)) == 0
}

func pow(prefix string, bitLength int) {
    start := time.Now()

    totalHashesProcessed := 0
    seed := uint64(time.Now().Local().UnixNano())
    randomBytes := make([]byte, 20)
    randomBytes = append([]byte(prefix), randomBytes...)
    for {
        totalHashesProcessed++
        seed = RandomString(randomBytes, len(prefix), seed)
        if Hash(randomBytes, bitLength) {
            fmt.Println(string(randomBytes))
            break
        }
    }
    end := time.Now()

    fmt.Println("time:", end.Sub(start).Seconds())
    fmt.Println("processed", humanize.Comma(int64
(totalHashesProcessed)))
    fmt.Printf("processed/sec: %s\n", humanize.Comma(int64
        ↳(float64(totalHashesProcessed)/end.Sub(start) .Seconds())))
}
```

```
func main() {
    pow("Tanmay Bakshi + Baheer Kamal", 24)
}
```

在这个例子中,我们要求函数找到 24 个连续的零起始位。你可以用任意你喜欢的字符串替换该字符串,你也可以通过它找到你想要的任意多的零!但是,请记住,当你希望以越来越多的零位数开始哈希时,任务就会变得越来越困难,这不是线性的,所以每增加一位,就会比之前增加一位的难度更大。

因为代码一开始就经过了优化,所以如果你按原样运行这段代码,就会得到下面的输出。

```
Tanmay Bakshi + Baheer KamalEHjjDodhxmxORke8hv0t
time: 2.7946521730000002
processed 12,814,971
processed/sec: 4,585,533
```

每秒获得 450 万次哈希似乎令人难以忘记,但在计算世界,这些都只是入门数字。当在 CPU 上达到每秒 3000 万次哈希时,或者在 GPU 上达到每秒 80 亿次哈希时我们应该会感觉很震撼!

一个直接的、潜在的加速方法是使用并发,这样我们就可以通过多个进程同时查看随机字符串。第 5 章将介绍这一点。

现在,你已经学习了如何在 Go 中实现一些常见的算法和技术,让我们升级这段代码吧!我们将使用 Go 语言与众不同的特性,即 Goroutine,并学习如何优化代码以使其运行得更快!每突破一个新的优化和速度障碍,你都会学到更多的新知识,从而让你觉得自己能成为一名更优秀的程序员!

第5章 并发

欢迎来到第5章！在学习Go的过程中，你已经取得了很大的进步，现在你已经可以用Go实现简单和中等复杂的应用程序了。然而，要真正掌握Go并解锁其全部潜能，你还需要熟悉现代计算的基石——并发。通过让一台计算机同时做多件事，或者通过在多个执行流之间切换，你可以完成过去的计算机永远无法完成的任务。

阅读本章后，可以得到以下问题的答案。

- 什么是线程和进程？
- 并发和并行之间的区别是什么？
- 绿色线程和用户空间线程是如何工作的？
- 为什么Goroutine(Go协程)比线程更好？什么时候不应该使用它们？
- 如何使用通道在不同的Goroutine之间进行通信？
- 一个Goroutine如何做到同时等待来自多源的输入？

5.1 并发、线程和并行

并发是现代计算的基础，能使计算机同时执行独立的指令流，从而实现同时运行多个应用程序的功能。

想象一下，如果计算机一次只能做一件事，这将是令人难以接受的限制，此时甚至不具备图形界面的技术条件，我们只能使用命令行界面来处理所有事情。

在一些操作系统上，并发仅仅意味着 CPU 会非常快速地从一个进程的运行指令切换到另一个进程的运行指令，使它看起来好像同时执行了多件事情。

然而，这种技术有其局限性。如果试图运行需要大量计算的多个进程，并且它们都需要同时运行，那么 CPU 将花费大量的时间来运行这些进程，这是因为 CPU 不仅需要对每个进程进行计算，还需要在进程之间不断切换，这本身就需要一定的计算能力。

这就是现代 CPU 需要"内核"的原因。CPU 拥有的内核越多，它可以同时运行的独立执行流就越多。这意味着，在同一个"时钟周期"内，当一个进程的指令在一个"内核"上执行时，另一个完全不同的进程可以在另一个"内核"上运行它的指令。

并发的真正价值在新旧系统共存时期开始显现。想象一下，拥有多个物理内核就能够同时运行多个不同的进程，并且能够让它们在进程之间快速切换，这样我们就可以构建像 GUI 这样的系统了。这就是现代计算系统的体系架构——从 CPU 到操作系统，甚至到编程语言。

我们知道，单个 CPU 和操作系统实例可以同时运行多个(甚至数千个)不同的进程。但是，如果一个独立的进程需要同时运行它自己的多个执行流，又该怎么办呢？假设有一个网页浏览器，你打开了多个选项卡。从技术上讲,浏览器是一个单独的进程,但有多个选项卡都在运行自己的代码,这就是线程发挥作用的地方。线程是进程的轻量级部分,有自己的"堆栈指针"和寄存器。一个进程可以产生数百个线程,操作系统会将这些线程映射到CPU,就像对其他进程一样。

需要注意的是,我们给出的浏览器这个例子并不是一成不变的,也有一些值得注意的例外。例如,在Chrome浏览器上,每个标签都有自己成熟的进程,这使得Chrome更容易达到性能基准,但这是非常耗费资源的,这就是Chrome在笔记本计算机上消耗的电量和内存比Safari和Firefox等其他使用线程的浏览器更多的原因。

你现在可能在想"我们可以运行数千个线程和进程,而我们的操作系统可以有效地处理这一切吗?"不幸的是,当一切看起来好得令人难以置信时,它往往就不是真的了——使用可伸缩的线程有很大的限制性。

可以看到,与成熟的进程相比,线程可能相对轻量级,但是启动并加入它们的代价仍然非常高,它需要一个完整的系统调用,并与内核(kernel)进行交互。这意味着在需要数千个线程的情况下,只启动数十或数百个线程通常更有效,然后让每个线程执行多个任务。

对于今天的大多数软件而言,实际上有两种线程:原生线程(native thread),这是我们已经讨论过的类型(在内核级别处理);绿色线程(green thread),我们稍后将讨论它(在用户级别处理)。

考虑一下Web服务器。一个系统可能会同时收到数千甚至数万个需要处理的请求。在这种情况下,线程是不够的,因为线程太多,所以负责在线程之间切换的调度器将执行比线程本身更长的时间。

这就是Web服务器使用"绿色线程"的原因,这是由服务器自己处理的,因此,在单个线程中,我们可以在代码的某处实现多个不同绿色线程之间的切换。因为我们对"上下文切换"发生的位置有更细粒度的控制,所以Web服务器类型的应用程序性能通常会得到提升。

Go 有一个类似概念的独特实现，它遵循一个称为 M：N 线程模型的范式，也称为混合线程。M 代表用户模式或绿色线程，N 代表内核模式或原生线程，类似于将完全内核模式（1：1）和完全用户模式（N：1）线程结合后所得到的结果。

混合线程的复杂性在于，你需要修改内核级和用户级的代码才能使系统正常工作。然而，大多数现代内核都已经内置了我们需要做的所有准备工作。我们只需要通过用户级软件来处理绿色线程即可，而这正是由 Go 提供的。

5.2 Goroutine（Go 协程）

Go 有一个 Goroutine 的概念，它可以将许多不同的执行流（我们可以直接称之为函数）映射到一个本地线程池。Goroutine 是非常轻量级的，它们只需要 2KB 的内存空间，而原生线程需要 1MB 的内存空间再加上一个保护页面，是 Goroutine 的 500 倍。

在深入研究 Goroutine 的工作原理之前，让我们先看一个示例。

创建 Goroutine 的语法非常简单：像往常一样调用函数，只需要在调用之前添加标记“go”，例如下面的代码。

代码清单 5.1　一个简单的单线程程序求平方数

```
package main

import (
    "fmt"
)

func squareIt(x int) {
    fmt.Println(x * x)
```

```
}
func main() {
    squareIt(2)
}
```

可以想到，当编译并运行这段代码时，它会打印出数字4。但是，如果squareIt是一个需要长时间运行的操作，并希望在单独的Goroutine中运行它，那么主函数就可以在squareIt运行时继续做它需要做的其他事情，这该怎么办呢？你所需要做的只是在主函数的squareIt前面加上“go”标记。

```
func main() {
    go squareIt(2)
}
```

如果编译程序，你会发现没有错误。然而，当运行代码时，你将看到它什么都没有打印（大多数系统通常都是这样），这是为什么呢？

当运行Goroutine时，我们将squareIt的执行置于“后台”，另一种说法是，它是“与我们当前运行的Goroutine分开的一个程序”。然后，就在我们这样做的时候，main函数结束了。main函数在主Goroutine中执行，该Goroutine执行该程序所在进程的主线程。当main函数结束时，整个程序将会退出，这意味着在其他Goroutine打印出平方数之前，进程就退出了。

因此我们需要告诉主线程，它需要在退出之前等待，这样另一个Goroutine才有机会完成工作。这可以通过令main函数“休眠”（空闲）来完成，例如只休眠1ms。为此，首先需要导入time包，并将import修改如下。

```
import (
```

```
    "fmt"
    "time"
)
```

然后在 main 函数中增加一个 Sleep 函数调用。

```
func main() {
    go squareIt(2)
    time.Sleep(1 * time.Millisecond)
}
```

现在,如果编译并运行程序,则它会像往常一样输出 4。如果没有,可以试着增加休眠时间,处理器可能需要更多的时间来进行计算。

同样,你应该记住一件事:在现实情境中,我们实际上并不是像上面这样等待 Goroutine 完成的,我们可以使用一个称为通道(channel)的功能,这一点稍后会讲到。

就效率而言,Goroutine 背后的思想非常巧妙。当程序启动时,Go 只运行一个 Goroutine,因此只有一个原生线程在运行。当同时运行多个 Goroutine 时,Go 会将每个 Goroutine 映射到多个线程。如果它需要启动更多的线程来尝试并行运行 Goroutine,而不是仅仅并发运行,它可能会这样做——在本例中,当你运行 go squareIt(2)时,它将启动另一个线程。

因此,就像操作系统能够将多个线程映射到 CPU 内核一样,Go 运行时能够将多个 Goroutine 映射到原生线程。并且,在默认情况下,原生线程可以在不同的 CPU 内核之间“移动”(例如,内核 1 在几分钟前正在执行线程 1,但经过几次上下文切换后,内核 2 现在正在执行线程 1),这可以用特定标志锁定,告诉 kernel 只在特定内核(core)上运行一个线程。类似地,你可以告诉 Go“将此 Goroutine 固定在特定线程上”。同样,对于这个 kernel 特性,大多数 kernel(Linux、BSD、XNU 等)都支持它。

假设当 Go 在线程上多路复用 Goroutine 时，在它处理调度时，某个 Goroutine 会阻塞，因为它需要执行系统调用，这通常是程序中最慢的部分。在这种情况下，Go 将创建一个新线程并将 Goroutine 转移到该线程中，这意味着当执行一个长时间运行的操作时，我们不需要空闲 CPU 来等待，Go 可以保持其他 Goroutine 运行。此外，该操作只需要存储 3 个寄存器，这表明它是超轻量级的，你的程序可以运行得非常快。当你将其与需要存储每个寄存器（在 x86-64 上超过 50 个寄存器）的线程之间的切换成本进行比较时，你就会明白 Goroutine 的价值。

Goroutine 有一个缺点，那就是当生成一个新的 Goroutine 时，你不能够再通过其他 Goroutine 对它进行任何控制。例如，Goroutine 不能"终止"另一个 Goroutine 或与另一个 Goroutine"合并"，而只能在返回（到达函数的末尾）时"完成执行"或"退出"。

这一限制还意味着，作为 Goroutine 调用的函数不能返回任何值，必须使用通道（channel）来共享信息。

至此，你应该已经很好地理解了 Goroutine 的工作原理。下面让我们看一下使用 Goroutine 实现并发的另一个组成部分——通道。

5.3　通道

利用通道，我们可以以非常高性能的方式将数据发送给不同的 Goroutine。此外，它们的语法非常简单，就像使用 Goroutine 一样，因此代码不会因为 Goroutine 之间的通信而变得更复杂。

让我们将前面求数的平方的示例扩展为使用通道进行通信。更新 squareIt 函数以接收两个通道的参数，一个通道是让这个函数知道它需要对哪些数求平方，另一个通道是 Goroutine 在对这些数求平方后放置结果的地方。

下面是 squareIt 函数的代码。

```
func squareIt(inputChan, outputChan chan int) {
    for x := range inputChan {
    outputChan <-x * x
    }
}
```

在查看主函数之前，让我们进一步解读一下 squareIt 函数。正如你所看到的，通道的类型标注是唯一的，因为它由两个标记（chan int）组成，而大多数类型标注只有一个标记 int。然而，标注的含义并不模糊——告诉 Go 我们想要一个通道，并且该通道中的数据是 int 类型的。你可以在通道中存储任何类型的数据，包括指针和自定义结构体。

该函数有两个独立的通道：一个输入通道和一个输出通道。在函数内部，可以循环遍历输入通道。当通道中没有值时，for 循环将会阻塞并开始等待新的数据；当它找到一个数据时，for 循环将继续迭代，并在结束时跳回循环的顶部。

在 for 循环中，我们只需要做一件简单的事情：对从输入通道获取的整数 x 求平方，然后使用“<-”操作符将该平方值放入输出通道。

可以看出，将此函数修改为使用通道非常简单，main 函数却需要做更多的修改。

```
func main() {
    inputChannel := make(chan int)
    outputChannel := make(chan int)
    go squareIt(inputChannel, outputChannel)
    for i := 0; i <10; i++ {
        inputChannel <-i
    }
    for i := range outputChannel {
```

```
        fmt.Println(i)
    }
}
```

让我们再看一遍主函数。

我们从前两行代码开始，这两行代码负责使用 make 函数创建输入通道和输出通道，第 2 章曾使用这个函数创建数组。

```
inputChannel := make(chan int)
outputChannel := make(chan int)
```

然后，在一个单独的 Goroutine 中运行 squareIt 函数。

```
go squareIt(inputChannel, outputChannel)
```

现在，函数在后台运行，由于 for 循环的存在，因此它正在等待数据进入输入通道。

为了向输入通道提供数据，我们仅从 0 循环到 9，并在每次迭代中将数放入输入通道。

```
for i := 0; i <10; i++ {
    inputChannel <-i
}
```

此时，因为已经将数据放入了通道，所以我们期望 squareIt 函数获取数据并将其放入输出通道。然后，我们需要通过循环输出通道从 squareIt 函数获取数据并将其打印出来，以便看到输出。

```
for i := range outputChannel {
    fmt.Println(i)
}
```

如果你一直在关注这一点，可能已经发现了程序中的一个 bug。同时，如果你已经了解了通道的工作原理，那么你可能已经注意到了程序中的另一个 bug。不过，让我们先来看看这段代码，以确定出现了什么 bug。

下面是最终的代码。

代码清单 **5.2** 求平方应用程序的并发实现

```
package main

import (
    "fmt"
)

func squareIt(inputChan, outputChan chan int) {
    for x := range inputChan {
        outputChan <-x * x
    }
}

func main() {
    inputChannel := make(chan int)
    outputChannel := make(chan int)
    go squareIt(inputChannel, outputChannel)
    for i := 0; i <10; i++ {
        inputChannel <-i
    }
    for i := range outputChannel {
        fmt.Println(i)
    }
}
```

编译程序，注意到没有出现错误。然而，当运行代码时，在大多数系统中会出现这样的错误：

```
fatal error: all goroutines are asleep -deadlock!
```

```
goroutine 1 [chan send]:
main.main()
    /tmp/sandbox306189119/prog.go:18 +0xb4

goroutine 6 [chan send]:
main.squareIt(0xc00005e060, 0xc00005e0c0)
    /tmp/sandbox306189119/prog.go:9 +0x4e
created by main.main
    /tmp/sandbox306189119/prog.go:16 +0x8e
```

好了,我们知道程序的逻辑有问题。事实上,Go 给了我们一个非常清晰的错误信息,我们遇到了所谓的“死锁”。死锁是指当所有线程都在等待另一个线程做的事情时,将导致没有线程有机会做其他线程正在等待的事情。

在大多数编程语言中,尤其是那些使用原生线程的编程语言中,这会导致程序冻结,此时必须终止进程。但是,因为 Go 在运行时可以看到每个 Goroutine 正在做什么,所以它可以看到死锁并终止进程。此外,它还会打印一个简洁的堆栈跟踪,可以帮助你确定代码在哪里出错了。

当前,出现死锁是因为我们使用了所谓的非缓冲通道。非缓冲通道意味着通道没有“存储空间”,当发送方将一些数据放入通道时,接收方需要立即获取该数据。如果接收方没有立即获取数据,那么,当你尝试将更多的数据放入通道时,通道就会阻塞,直到通道为空后,才允许将数据放入其中。

表 5.1 是程序执行过程中的事件时间轴。

表 5.1　两个 Goroutine 的执行导致死锁的说明

主 Goroutine	平方 Goroutine
创建输入和输出通道	[nil]
生成 squareIt Goroutine	等待输入通道数据

续表

主 Goroutine	平方 Goroutine
将数字 0 放入输入通道	
等待从输入通道取走数字 0	获取数字 0，求平方，将其放入输出通道
将数字 1 放入输入通道	
等待从输入通道取走数字 1	获取数字 1，求平方，等待从输出通道取走数字 0
将数字 2 放入输入通道	
等待从输入通道取走数字 2	[依然等待从输出通道取走数字 0]
[依然等待从输入通道取走数字 2]	

此时，两个 Goroutine 互相等待，都在等对方做一些它们都没有机会做的事情。为了使这两个 Goroutine 中的任何一个可以继续执行，另一个也需要执行。可以看出，如果 squareIt Goroutine 不需要等待另一个 Goroutine 从输出通道取走结果，就不会发生死锁。

为了解决这个问题，我们可以使用所谓的“缓冲”通道。在缓冲通道中，只能插入一定数量的元素，这些元素是在通道阻塞之前异步定义的（不阻塞），并等待 Goroutine 取出数据，然后允许添加更多的元素。从本质上讲，通道允许“缓冲”或“存储”一定数量的元素而不会阻塞。

在创建通道时，只需要将缓冲区的大小传递给 make 函数就可以创建缓冲通道。例如，将输出通道实例化修改如下：

```
outputChannel := make(chan int, 10)
```

现在，如果编译代码，就会发现它仍然可以工作。另外，当运行代码成功时，你会看到期望的数字。

```
1
4
9
```

```
16
25
36
49
64
81
fatal error: all goroutines are asleep - deadlock!

goroutine 1 [chan receive]:
main.main()
    /tmp/sandbox997165491/prog.go:20 +0x157

goroutine 6 [chan receive]:
main.squareIt(0xc000066000, 0xc000068000)
    /tmp/sandbox997165491/prog.go:8 +0x66
created by main.main
    /tmp/sandbox997165491/prog.go:16 +0x8e
```

好吧，至少还算成功。如果看到死锁，即代码的第 16 行（正如 Go 在堆栈跟踪的最后一行指出的那样），你就会意识到 bug 现在是由我们从输出通道取出数据的方式引起的。

注意看，当输出通道是空时，输入通道也是空的，那么 main 函数就会阻塞，因为它在等待输出通道上的数据，而输出通道中什么也没有，此时输入通道也是空的，而另一个 Goroutine 却在等待输入通道上的数据。

我们可以通过替换 main 函数中的循环来解决这个问题。

```
for i := range outputChannel {
    fmt.Println(i)
}
```

当输出通道中没有任何数据时，这个循环将会阻塞，因为循环不知道何时停止。然而，在这个例子中，我们知道只有 10 个值，所以可以用下面的代码替换 for-in 循环。

```
for i := 0; i <10; i++ {
    fmt.Println(<-outputChannel)
}
```

经过 10 次迭代，通道仍然是开放的，这意味着我们可能会获取到更多的数据，但是因为我们知道程序其余部分的逻辑，所以知道这不会发生。

此外，我们还使用了“<-”操作符从通道中取出数据。

在开始介绍 Go 并发的下一个主要内容之前，我们认为对通道在后端工作方式进行可视化是有帮助的。

我们已经看到了两种通道：

(1) 非缓冲通道(同步通道)，它们需要存储来自一个 Goroutine 的单个元素，等待某个 Goroutine 取走它，然后可以存储另一个元素。

(2) 缓冲通道(异步通道)，它们需要存储可能来自多个 Goroutine 的多个元素，并且仅在通道满时阻塞发送端；它还需要允许潜在的多个 Goroutine 接收元素。

然而，还有第 3 种我们还没有见过的通道——包含零大小元素的通道。例如，想象一个这样的通道：

```
channel := make(chan struct{})
```

在这个例子中，通道中的数据类型只是一个空结构体。在这种情况下，我们告诉 Go“我不在通道中存储任何内容，只是使用它来同步线程”。换句话说，你可以把它看作一个信号量(semaphore)。

例如，看看下面这段 Swift 代码。

```
let a = DispatchSemaphore(value: 0)
```

```
DispatchQueue.global(qos: .background).async {
    a.signal()
    print("signalled")
}
a.wait()
print("exiting")
```

再看一下下面这段C代码。

```
#include <stdio.h>
#include <pthread.h>
#include <semaphore.h>
#include <unistd.h>

sem_t semaphore;

void * backgroundThread(void * vargp) {
    sem_post(&semaphore); //Signal to the semaphore
    printf("signalled\n"); //Print that we signalled
    return NULL;
}

int main() {
    sem_init(&semaphore, 0, 1); //Initialize the semaphore
    //Launch a new thread
    pthread_t thread;
    pthread_create(&thread, NULL, backgroundThread, NULL);
    sem_wait(&semaphore); //Wait for a signal on the semaphore
    printf("exiting\n"); //Print that we are exiting
    sem_destroy(&semaphore); //Destroy the semaphore
    pthread_join(thread, NULL); //Join with the thread we launched
    return 0;
}
```

这两个示例的逻辑应该是不言自明的——创建一个信号量,然后启动一个执行某些任务的新线程,在完成任务后释放信号量。然后,当其在后台运行时,主线程开始等待那个信号量,实际上是等待后台线程完成它的任务。

在 Go 中，你可以通过使用具有零大小元素的通道复制此功能。这里有一个例子：

```
func main() {
    semaphore := make(chan struct{})
    go func() {
        semaphore <- struct{}{}
        fmt.Println("signalling")
    }()
    <-semaphore
    fmt.Println("exiting")
}
```

因为这是一个非缓冲通道（同步通道），所以信号量中一次只能有一个“信号”。为了支持多个信号，你可以将其设置为缓冲通道（异步通道）。

```
semaphore := make(chan struct{}, 10)
```

实现这些通道的方式是使用循环链表数据结构。链表中的每个节点都包含有关发送数据的 Goroutine 的信息，以及指向数据本身的指针。

每个等待数据的 Goroutine 都在围绕 Goroutine“转圈”，并与其他 Goroutine 竞争，从链表中的发送者那里抢到一块数据。当一个 Goroutine 发现一些数据时，它将试图锁定它，如果赢得了竞争，它就可以使用该数据并在链表中将其标记为 stale，这样另一个 Goroutine 就不会获取相同的数据了。

记住，通道有很多种，这里描述的是异步通道的基本工作原理。其他通道也具有类似的内部结构，但有一些小的差异。

然而，这个程序中还有一个“不优雅”的部分。当主 Goroutine 退出时，它会终止 squareIt Goroutine，但该 Goroutine 永远不会退出，这是因为它所做的一切都是等待来自输入通道的数据，而它从不会查看它是否完成了自己的工作。

在这种情况下，我们有两种方法可以解决这个问题：一种方法是使用通道的内置特性；另一种方法是引入 Go 并发设计中的另一个主要内容，这将会在下一节中介绍。让我们先从通道内置特性开始学习。

在本例中，我们可以通过关闭通道来解决问题。此时不能再向通道发送数据，并且当前通道中的任何 Goroutine 都将解除阻塞。

你所需要做的就是将下面这行代码添加到 main 函数的末尾。

```
close(inputChannel)
```

现在，main 函数看起来应该是这样的：

```
func main() {
    inputChannel := make(chan int)
    outputChannel := make(chan int, 10)
    go squareIt(inputChannel, outputChannel)
    for i := 0; i <10; i++ {
        fmt.Println(i)
        inputChannel <-i
    }
    for i := 0; i <10; i++ {
    fmt.Println(<-outputChannel)
    }
    close(inputChannel)
}
```

现在运行它，你就会看到期望的输出，因为我们已经解决了死锁问题。

```
1
2
```

```
3
4
5
6
7
8
9
0
1
4
9
16
25
36
49
64
81
```

虽然输出看起来并没有什么不同，但 Goroutine 正在优雅地退出。在这段代码中，它会在程序退出时终止。

还有另一种方法可以解决这个问题，并且可以向通道引入新功能——选择语句。

可以把 select 看作"switch，但用于通道"。使用 select，可以让一个 Goroutine 等待多个通道，然后从最先提供值的通道获取数据。假设我们想要创建一个函数，它不仅可以进行平方运算，还可以进行立方运算，并且可以优雅地退出。

在这种情况下，我们可以实现这样一个函数：

```
func squarerCuber(sqInChan, sqOutChan, cuInChan, cuOutChan,
    ↪ exitChan chan int) {
    var squareX int
    var cubeX int
    for {
```

```
            select {
                case squareX = <-sqInChan:
                    sqOutChan <-squareX * squareX
                case cubeX = <-cuInChan:
                    cuOutChan <-cubeX * cubeX * cubeX
                case <-exitChan:
                    return
            }
        }
    }
```

这个函数可能看起来很复杂,但是当你把它分解成各个组成部分时,它实际上非常简单。

该函数的基本逻辑是,它分别从 sqInChan 和 cuInChan 通道获取数字的平方和立方。一旦完成了应做的操作,它就会把结果放入 sqOutChan 或 cuOutChan。当函数从 exitChan 获取任何消息时,它就会退出了(exit)。

该函数在代码一开始只是告诉 Go"将来我们会有两个整数类型的变量,分别称为 squareX 和 cubeX"。这些变量将存储从输入通道获取的整数。

然后,我们运行一个无限 for 循环。在这个 for 循环中,有一个新的参与者——select 语句。正如你所看到的,它看起来很像带有 case 的 switch 语句。然而,这次的 case 有点不同。每个 case 都是一个表达式,只有在阻塞通信操作解除阻塞并返回响应时才能解析该表达式。例如,看看第一个 case:

```
case squareX = <-sqInChan:
```

在这里,我们告诉 Go"这里有一个新的 case,我们想在 squareX 中放置一个来自 sqInChan 的整数值"。然而,因为如果 sqInChan 通道中没有值，则这个操作可能会阻塞，所以这个表达式不能被解析，直到通道的 receive 操作解除阻塞。

这就是 select 的用武之地。select 将会查看所有 case，包括表达式会被某些东西阻塞，哪个先解除阻塞，哪个将运行其代码。在该代码运行之后，控制流将通过语句到达下一段代码，这表示它不是一个循环，它只运行了一段代码。这就是需要无限 for 循环包装 select 语句的原因。

为了实际使用这个函数作为后台 Goroutine，我们需要一个 main 函数来驱动它并从中获取输出。下面是一个实现 main 函数的例子。

```
func main() {
    sqInChan := make(chan int, 10)
    cuInChan := make(chan int, 10)
    sqOutChan := make(chan int, 10)
    cuOutChan := make(chan int, 10)
    exitChan := make(chan int)
    go squarerCuber(sqInChan, sqOutChan, cuInChan, cuOutChan,
    ↪ exitChan)
    for i := 0; i <10; i++ {
        sqInChan <-i
        cuInChan <-i
    }
    for i := 0; i <10; i++ {
        fmt.Printf("squarer says %d\n", <-sqOutChan)
        fmt.Printf("cuber says %d\n", <-cuOutChan)
    }
    exitChan <-0
}
```

这个 main 函数的工作原理与前一个非常相似，区别是它有两个输入和两个输出通道，并且通过一个新的通道来告诉 Goroutine 退出。另外，在负责向通道发送数据和从通道接收数据的 for 循环中，我们对平方和立方通道都是这样做的。

最后一个区别是，在结束时，我们将一个虚拟值插入退出通道，以便告诉 Goroutine 它的工作已经完成，并且可以退出了。

此外，一定要记住，在 Go 中，实现退出功能是你的责任。然而，除了退出之外，在后台还可以做一些其他事情。对于操作系统线程而言，你至少可以选择终止或加入线程，但是对于 Goroutine 而言，你需要确保它们知道何时关闭自己。

在继续之前，还有一点需要说明：当你调用一个 Goroutine 时，从技术上讲，你是在进行一个函数调用，并告诉 Go 在一个单独的 Goroutine 中运行该调用。但是，到目前为止，我们只展示了如何调用已经定义的函数。如果你希望同时在单独的 Goroutine 中创建和调用函数，该怎么办呢？Go 可以让你做到这一点。

代码清单 5.3　在一个单独的 Goroutine 中像定义那样调用函数

```
func main() {
    inputChan := make(chan int, 10)
    finishChan := make(chan int)
    outputChan := make(chan int, 10)
    go func(inputChan, finishChan chan int) {
        for {
            select {
            case x := <-inputChan:
                outputChan <-x * x
            case _ = <-finishChan:
                return
            }
        }
    }(inputChan, finishChan)
    for i := 0; i <10; i++ {
        inputChan <-i
    }
    for i := 0; i <10; i++ {
```

```
        fmt.Println(<-outputChan)
    }
    finishChan <-1
}
```

这个例子的逻辑非常简单,但是语法可能相对陌生。函数签名和函数体直接嵌入调用站点,这是有效的 Go 语法。第 5 行代码告诉 Go“我希望你启动另一个 Goroutine,这是你要运行的函数”。其余部分类似于常规的函数签名,但没有函数名。然后,第 14 行代码告诉 Go“就是那个函数,现在我想让你调用它,并把 inputChan 和 finishChan 作为参数传递给它”。

当调用 Goroutine 时,Go 与常见的变量和作用域的处理方式不同。例如,你可以尝试运行以下代码。

代码清单 5.4 演示 Go 对闭包的变量获取

```
func main() {
    for i := 0; i <10; i++ {
        go func() {
            time.Sleep(1 * time.Millisecond)
            fmt.Println(i)
        }()
    }
    time.Sleep(100 * time.Millisecond)
}
```

在大多数编程语言中,甚至仅仅凭直觉,这段代码应该以某种随机顺序打印数字 0~9,这是因为以这种特定方式实现的并发不是确定的。然而,在 Go 中,编译器会抛出这样的警告:

```
loop variable i captured by func literal
```

然后,它会打印出:

```
10
10
10
10
10
10
10
10
10
10
```

这是因为我们在循环中调用的函数正在做所谓的"捕获"循环变量。在大多数语言中,当"闭包"或"函数字面量"试图捕获一个变量时,它会给出自己的副本。在面向对象语言中,这一点特别有效,如果我们讨论的是类对象,则只是复制对上述对象的引用。

然而,Go走了一条不同寻常的道路,它使我们能够访问循环变量本身,而不是创建一个副本。在这个例子中,我们在循环中生成了一堆Goroutine,每一个Goroutine在一开始都会休眠。在循环结束时,一旦我们将i增加到10,for循环就会说"哦,我们现在已经完成了迭代"并停止生成Goroutine。

大概此时,所有的Goroutine都会被唤醒,因为它们都指向同一个"i",所以它们都会输出10,而不是输出它们被调用时的i值。

通过将循环变量传递给函数而不是试图捕获它,我们可以很容易地解决这个问题。这样,Go需要调用该函数并将值作为参数传递,强制它进行复制。

代码清单5.5 强制Go生成一个变量副本以传递给闭包

```
func main() {
    for i := 0; i <10; i++ {
        go func(nonCapturedI int) {
```

```
            time.Sleep(1 * time.Millisecond)
            fmt.Println(nonCapturedI)
        }(i)
    }
    time.Sleep(100 * time.Millisecond)
}
```

如果运行这段代码，你将看到所期望的输出——随机排列的数字0～9。

好了，我们现在可以自信地说，你已经具备了足够多的使用Goroutine 实现这种技术的经验了。具体来说，是时候使用我们在第 4 章构建的应用程序，并使用并发机制对其进行升级了。

5.4 工作量证明：第 2 部分

如果你还记得第 4 章的最后一个例子，那么应该记得我们实现了一个简单版本的"工作量证明"算法，这是区块链的关键组成部分之一。然而，我们的程序每秒只能处理大约 400 万个哈希值，这还是对其进行优化后才实现的。那么我们怎样才能让它变得更好呢？

答案就是并发！这个任务特别适合采用并发。你只需要同时运行程序的多个实例，它们都在寻求解决方案。这些实例实际上并不需要相互通信，这样就不会产生额外的开销了。

请记住，采用并发并不是总能获得免费的性能提升。每件事都有开销，你永远不会得到免费的午餐。在生成一个 Goroutine 或一个线程、上下文切换、通信、线程等待(spinning it down)，以及所有这些带来的额外的安全检查中都有开销。此外，经常会在实现功能时遇到缓存失效等问题。当发生这种情况时，程序的性能将受到严重影响，但不会失效。

> 备注：正如著名的计算机科学家 Leon Bambrick 说过的，“在计算机科学中只有两件困难的事情：缓存失效、对象命名和边界溢出(off-by-one)错误。”

因此，虽然使用 Goroutine 不能保证代码的运行速度变得更快(事实上，在大多数情况下，单线程代码比多线程代码更快)，但如果以正确的方式设计线程之间的交互，那么它一定会有所帮助。

在 Go 中，设计线程间交互的工作变得容易很多，因为 Goroutine 的独特性使你能够同时运行更多的并发函数，而不必担心过多的开销。

为了修改之前的工作量证明的实现，我们需要做的就是重写 pow 函数，以便使用 Goroutine 计算某些字节序列。因此，你可以继续并复制先前的代码文件，删除该函数并重写它。

首先，让我们讨论一下应用程序的逻辑。记住，在这个应用程序中，我们不需要 Goroutine 相互交互。我们只需要使 Goroutine 能够找到试图匹配的字符串，然后让 Goroutine 给我们提供答案。我们还希望找到一种方法，以便在找到解决方案后优雅地关闭 Goroutine。最后，我们还需要做一件事——提供一种计算所有 Goroutine 总共尝试了多少哈希值的方法。这对于基准测试很重要，因为我们想知道这个实现相对于单线程版本的性能如何。

为此，我们首先要知道运行程序的机器实际上有多少个 CPU 内核。记住，一台计算机在同一时刻只能运行一定数量的操作。例如，如果一台计算机有 8 个 CPU 内核，那么它通常只能同时运行 8 个指令流(线程)，而不需要上下文切换。我们之所以说“通常”，是因为某些 CPU(如 Intel 和 AMD CPU)支持同步多线程(SMT)，即允许两个线程“同时”在每个核心上运行。其他一些 CPU 体系结构，例如 IBM 的 Power，实际上可以通过操作系统的配置支持每个核心运行一个、两个、四个甚至八个线程，即使每个线程因分配给其的内核资源减少而变得更慢。

让我们来实现下面这个函数。

```
func pow(prefix string, bitLength int) {
    start := time.Now()
    hash := []int{}
    totalHashesProcessed := 0
    numberOfCPU := runtime.NumCPU()
    closeChan := make(chan int, 1)
    solutionChan := make(chan []byte, 1)
```

这个函数与前一个函数具有相同的名称，它也接收相同的参数：prefix 字符串，这是我们想要找到的一个有效的随机序列的字符串，以及 bitLength，这是结果哈希从连续零开始的位数，它是问题的解决方案。

在函数中，我们从确定当前时间开始，这样就可以找出我们花了多少时间来做实际的工作的证明。然后，创建一个名为 hash 的整型数组，这个数组包含每个 Goroutine 处理的哈希数。这意味着，该数组包含的元素数将与 Goroutine 的数量相同。除了这个数组，还有一个 totalHashesProcessed 整数，它将在后续步骤中用于存储该数组的和。

同时，我们询问 Go 正在运行的机器有多少个 CPU（CPU 内核）。通过这种方式，我们可以生成与机器上的 CPU 内核数量相同的 Goroutine。如果你为机器上的内核数量生成了太多的 Goroutine，你可能会花更多的时间在 Goroutine 之间进行上下文切换。虽然与 Goroutine 相关的开销（例如上下文切换）可能比线程少得多，但它仍然不是免费的。

然后，初始化两个通道：closeChan 和 solutionChan。一旦找到应答，closeChan 将关闭所有 Goroutine，solutionChan 将把应答返回主 Goroutine。

现在让我们实现函数的核心部分。这是一个较大的代码块,但我们马上就会对它进行解析。

```
for idx := 0; idx <numberOfCPU; idx++ {
    hash = append(hash, 0)
    go func(hashIndex int) {
        seed := uint64(time.Now().Local().UnixNano())
        randomBytes := make([]byte, 20)
        randomBytes = append([]byte(prefix), randomBytes...)
        for {
            select {
                case <-closeChan:
                closeChan <-1
                return
            case <-time.After(time.Nanosecond):
                count := 0
                for count <5000 {
                    count++
                        seed = RandomString(randomBytes, len(prefix),
seed)
                    if Hash(randomBytes, bitLength) {
                        hash[hashIndex] += count
                        solutionChan <-randomBytes
                        closeChan <-1
                        return
                    }
            }
            hash[hashIndex] += count
            }
        }
    }(idx)
}
```

在浏览代码时,你可能已经对代码有了更深层次的理解,先让我们仔细分析一下。

```
for idx := 0; idx <numberOfCPU; idx++ {
    hash = append(hash, 0)
```

如前所述,我们希望生成与这台机器上处理这些 Goroutine 的内核数量相同的 Goroutine。我们的应用程序非常特殊,因为它会受到 CPU 的限制,而不是受到 I/O 限制或内存限制,这意味着高性能的瓶颈不是拥有更多的内存带宽或更快的 I/O,而是需要一个更快的处理器。当应用程序不受 CPU 限制时,生成比内核数更多的 Goroutine 可能更有意义,因为当一个 Goroutine 在 CPU 上等待其他事情完成时,另一个 Goroutine 即可开始运行。

因为我们希望只生成与拥有的内核数量一样多的 Goroutine,所以使用 for 循环来迭代从 0 到比我们拥有的内核数量小 1 的数。在每次迭代中,我们向哈希数组追加一个 0。请记住,哈希数组包含每个 Goroutine 处理的哈希数。

接下来,在循环中生成 Goroutine。

```
go func(hashIndex int) {
    seed := uint64(time.Now().Local().UnixNano())
    randomBytes := make([]byte, 20)
    randomBytes = append([]byte(prefix), randomBytes...)
```

这个 Goroutine 调用的函数只接收一个参数,那就是它的索引,使用这个索引(在代码中称为 hashIndex),它可以将已处理的哈希数记录到哈希数组中。

在这个函数中,我们通过获取以纳秒为单位的本地 UNIX 时间戳来创建一个新的随机种子,该种子被转换为 64 位无符号整数,这与我们在第 4 章中自定义的随机数生成器一致。

然后,如果你使用的是 C、Python、Java 或 Swift 等语言,我们会运行一些看起来很“有趣”的逻辑。实际上,我们分配了一个20字节的新数组,内存中的这20字节包含字符串的实际“随机”结尾,然后,在这个新数组的开头插入前缀字符串(表示为字节数组)。

我们使用append函数将它插入开头。append函数支持可变参数,如果你还记得第2章的内容,这表示它可以在第一个参数之后接收任意数量的相同类型的参数。第一个参数必须是某种类型的数组,其余可变参数必须与数组中的元素类型相同。

通过将prefix作为第一个参数输入append函数,然后将randomBytes中所有的20个元素作为其后的20个参数输入,我们最终创建了一个新的数组,内存看起来是这样的:

```
[bytes of the prefix] [bytes we initialized when we allocated
randomBytes]
```

如果你想知道该代码片段中的最后一行如何通过仅传递一个参数来发送20个参数,那么答案就是它使用了“…”操作符,这将在运行时将数组“展开”为20个单独的参数,使被调用函数看起来好像手动传递了这20个参数。

接下来,在Goroutine调用的函数中,我们需要一个无限循环。这个循环中有一个select语句,这是因为我们想知道什么时候closeChan会通知我们退出。我们是这样做的:

```
for {
    select {
    case <-closeChan:
        closeChan <-1
        return
```

这段代码可能看起来很简单,但它包含一个非常有趣的逻辑。看看从

closeChan 接收数据的 case，为什么我们在从它接收一个数字后，要把一个数字放回通道中？回想一下，不考虑把一个数字放回通道，如果我们从这个函数得到一个值，则确实会从函数返回。

那么为什么最后要把一个数字放回通道呢？这是因为我们只需要提供应答的 Goroutine 将一个数字插入该通道，此时所有的 Goroutine 都将退出。从技术上讲，只有一个 Goroutine 会得到提供解决方案的 Goroutine 发送的数字，但在下一个 Goroutine 退出之前，它会通过将该消息发送回通道来告知另一个 Goroutine 退出。

最后的 Goroutine 将向通道发送另一条消息，然后退出，但是因为没有更多的 Goroutine 来获取消息，所以它将留在那里，但这对我们来说并不重要。

```
case <-time.After(time.Nanosecond):
    count := 0
    for count <5000 {
        count++
        seed = RandomString(randomBytes, len(prefix),seed)
        if Hash(randomBytes, bitLength) {
            hash[hashIndex] += count
            solutionChan <-randomBytes
            closeChan <-1
            return
        }
    }
    hash[hashIndex] += count
}
```

select 语句中接下来的 case 是主要工作发生的地方。在讨论它的工作之前，我们认为有必要讨论一下最容易忽视的问题：为什么 case 要等待 time.After(time.Nanosecond)？

如果回顾前几页的内容，你会记得我们提到过一个 select 语句可以让你等待多个阻塞操作同时解除阻塞。time.After 是一个阻塞操作，因此在退出通道上等待一个值。我们只需要在这里进行某种阻塞操作，这样它才能成为 select 语句的一部分，以便在退出通道没有接收到任何信息时立即运行此代码。

因为我们只要求 Go 在 1ns 后运行这段代码，所以它本质上是一个 noop(no-op 或 no operation)，但因为我们也要求 Go 先评估 exitChan 等待，所以如果那里有要接收的值，那么最终不会运行这段代码。

在实际的 case 代码中，我们执行的操作类似于前面没有使用 Goroutine 的原始 pow 函数。只不过，我们不是运行一次，而是运行 5000 次。就这样，我们在等待退出通道期间运行了 5000 个检查块。如果我们在再次等待通道之前只执行一次检查，那么我们所做的工作就不足以证明所有通道、switch 语句和 Goroutine 的额外开销是合理的。

具体来说，我们有一个迭代 5000 次的 for 循环，每次都会生成一个新的随机字符串来附加到前缀上。然后，它将完整的字符串(前缀＋随机化部分)提供给哈希函数，这将告诉我们是否满足工作条件的证明。

如果我们最终找到了一个解决方案，那么我们会做些什么？这与第 4 章有一点不同。一旦找到满足需求的随机字符串，我们将 count 变量(我们完成的 5000 次迭代中的次数)添加到散列数组中 Goroutine 的专用元素中。然后，我们将应答发送到解答通道，并通过向退出通道提供一个数来启动退出周期。我们还会从函数返回，跳出循环，并终止该 Goroutine。

如果在这 5000 次迭代中没有找到应答，则将这个 Goroutine 在哈希数组中的专用元素增加 5000，并再次迭代更大的 for 循环，该循环将运行 select 语句，并可能通过扩展再次运行此代码。

```
        }
    }(idx)
```

```
    }
    fmt.Println(<-solutionChan)
    for _, v := range hash {
        totalHashesProcessed += v
    }
    end := time.Now()
```

代码的下一部分将关闭 Goroutine 中的 for 循环和函数，使用数组中的索引变量调用函数，然后关闭生成 Goroutine 的 for 循环。

然后，我们等待解答通道上的一些输出，一旦得到输出，就将其打印出来。然后，计算所有 Goroutine 中处理的哈希总数。最后，找到结束时间，通过下面的代码打印运行的一些统计信息。

```
    fmt.Println("time:", end.Sub(start).Seconds())
    fmt.Println("processed", humanize.Comma(int64(totalHashesProcessed)))
    fmt.Printf("processed/sec: %s\n",
        ↪humanize.Comma(int64(float64(totalHashesProcessed) /
        ↪end.Sub(start).Seconds())))
}
```

这样，你就成功地构建了第一个真正使用 Goroutine 的强大功能的应用程序。

代码清单 5.6　改进的使用 Goroutine 的 pow 函数

```
func pow(prefix string, bitLength int) {
    start := time.Now()
    hash := []int{}
    totalHashesProcessed := 0

    numberOfCPU := runtime.NumCPU()
    closeChan := make(chan int, 1)
    solutionChan := make(chan []byte, 1)
    for idx := 0; idx <numberOfCPU; idx++ {
        hash = append(hash, 0)
```

```
        //pass in idx to ensure it stay the same as idx can
        //change value
        go func(hashIndex int) {
            seed := uint64(time.Now().Local().UnixNano())
            randomBytes := make([]byte, 20)
            randomBytes = append([]byte(prefix),
                ↪randomBytes...)
            for {
                select {
                case <-closeChan:
                    closeChan <-1
                    return
                case <-time.After(time.Nanosecond):
                    count := 0
                    for count < 5000 {
                        count++
                        seed = RandomString(randomBytes,
                        ↪len(prefix), seed)
                        if Hash(randomBytes, bitLength) {
                            hash[hashIndex] += count
                            solutionChan <-randomBytes
                            closeChan <-1
                            return
                        }
                    }
                    hash[hashIndex] += count
                }
            }
        }(idx)
    }
    <-solutionChan
    for _, v := range hash {
        totalHashesProcessed += v
    }
    end := time.Now()
    fmt.Println("time:", end.Sub(start).Seconds())
    fmt.Println("processed", humanize.Comma(int64(totalHashesProcessed)))
    fmt.Printf("processed/sec: %s\n", humanize.Comma(int64
```

```
        ↳(float64(totalHashesProcessed)/end.Sub(start).Seconds()))
}
```

由于该函数具有同样的签名，因此你应该保持主函数完全相同，并编译和运行此代码。在第 4 章中，我们提到在 MacBook Pro 上，该代码可以达到每秒 400 万哈希值。

这段代码在同一台机器上可达到每秒近 3000 万哈希值，大约是 7.5 倍的加速，如果这台机器运行 8 个内核，就可以使其达到 8 倍的加速。

请记住，尽管生成、关闭和检测退出通道的开销并不是完全线性的，但它仍然非常优秀，特别是在软件开发中，我们几乎没有付出任何努力就可以使它如此快速。在某种程度上，你已经学会了如何利用 CPU 的强大处理能力。通过使用 Go，你可以使应用程序具有更好的可扩展性和更快的运行速度。

在本章中，我们已经了解了 Go 的特别之处——Goroutine，这是一个以 Go 语言命名的特性。然而，尽管 Go 在很多方面都做得很好，但它在有些方面还是不如其他语言。但这并不是什么问题，因为 Go 是一种编译型语言，得益于其编译过程，Go 从其他编译语言调用代码也相对容易。所以，在第 6 章中，让我们一起学习如何在 Go 中调用 C 和 Swift 等语言的代码。

第6章

互操作性

欢迎来到第6章！在本章中，我们将进一步介绍“重用代码”的概念。当完成本章的学习后，你不仅可以导入用Go编写的外部代码库(称为模块)，还可以导入用其他语言编写的其他代码库。

阅读本章后，可以得到以下问题的答案：

- 操作系统以什么格式理解编译器生成的二进制文件？
- 什么是语言的“运行时”？它对编程经验和编译代码有什么影响？
- 同一个操作系统上的多个程序如何共享相同的预编译二进制代码？
- 为什么语言间的可操作性很重要？
- 如何通过共享库调用C和Swift代码？

计算机科学的一个原则是不重复工作，这意味着如果某些内容已经存在，那么最好不要重写它。该原则的理念是，如果有人已经构建了某些东西，那么它们很可能已经具有了特定的目的，并且已经在如何最好地解决问题上倾注了一定的心血。

如今，开源软件比以往任何时候都更加常见，即使是表面上看起来很简单的任务，实际上也可能有成千上万的人投入了大量精力来构建有效的解决方案。作为一名独立的开发人员，你独自(hand-rolled)编写的解决方案不太可能优于许多其他开发人员投入大量时间和精力而编写的解决方案。然而，每个人都有解决问题的独特视角。因此，如果你确实发现了效率低下或想要改变的地方，那么开源软件可以帮助到你。

6.1 为什么互操作性很重要

你可能会想："我们不是在第 5 章讨论过这个话题了吗？"是的，我们确实讨论过了。但是，我们讨论的是使用 Go 编写的代码库。但并不是所有的代码都是用 Go 语言编写的——事实上，很多代码都不是。每个程序员都有自己最喜欢使用的编程语言，每个任务都会使用不同的语言。那么，如果别人的代码不是用 Go 语言写的，你该怎么在自己的 Go 程序中使用别人的代码呢？

这是每种编程语言都会面临的问题，每种语言都以不同的方式处理这个问题，这取决于编程语言的体系结构。例如，Python 不是一种编译型语言，是一种解释型语言，这意味着当你运行一个 Python 程序时，你的代码不会编译成机器码。相反，解释器进程会积极地查看你的代码，并在该进程中运行它。

然后，还有 JIT(Just in Time)编译型语言，如 Java。Java 会预先编译你的代码，但不会将其编译为机器代码。相反，代码会编译为 Java 字节码，这是一种更高级别的指令集。当运行字节码时，Java 虚拟机将以与 Python 类似的方式解释这些低级指令。此方法通常比纯解释型语言（如 Python）能获得更好的性能，因为被解释的代码可以动态地编译为本机 CPU 代码并被缓存，以备将来调用该函数。

最后，Go、C、C++、Swift 和 Rust 等语言都属于 AOT（提前编译）语言。在运行程序之前，这些语言将代码直接编译为本机 CPU 代码。通常，这些语言可以优化你的代码，以使其尽可能快地运行。另外，由于它们的架构方式，其都会输出一个二进制可执行文件，操作系统已经知道如何运行它，因此不再需要任何其他软件。

在 macOS 上，编译器需要生成 Mach-O 文件。在 Linux 上，编译器需要生成 DWARF 文件。在 Windows 上，编译器需要生成 exe 文件。每种文件格式都有自己的二进制指令排列标准，以及有助于操作系统理解代码如何运行的头文件信息。

对于大多数 AOT 编译的编程语言，如 C、C++、Swift 和 Rust，这是非常简单的。操作系统将调用一个“入口点”或主函数，这个函数将执行它需要执行的所有代码，一旦主函数退出，程序就会退出。

有时，你自己的代码可以调用同一系统上的其他预编译代码。例如，调用 malloc(1)进行内存分配时，你自己的代码中没有 malloc 函数的定义。这是由操作系统上的 C 库提供的函数。因此，编译器输出的二进制文件也会向操作系统提供关于哪些“库”需要“链接”到访问的二进制文件的指令。

这类库——你向编译器承诺在编译时存在，并在运行时加载的库——称为共享库，这是因为多个程序可以共享同一个库。例如，不是让 iPhone 上的每个相机应用程序都包含一个处理相机的库的副本，而是操作系统只包含一个副本，当你运行一个需要该副本的可执行文件时，该副本就会动态加载。

在不同的平台上可以使用不同的文件格式引用这些库。在 Linux 上，它是 so(共享对象)；在 macOS 上，它是 dylib(动态库)；在 Windows 上，它是 dll(动态链接库)，它们都有相同的含义。有些系统在处理这些问题时或多或少地比其他系统更优雅，因此，Windows 上偶尔会出现“DLL 地狱”(DLL Hell)的情况。

共享库为我们提供了跨编程语言共享代码的方法，因为 AOT 编译型语言将它们的高级代码翻译成与机器代码——甚至是共享库——相同的基本格式，我们可以将任意代码编译成共享库。然后，我们可以从另一种编程语言中获取编译后的代码，并将其链接到前面提到的库，使我们能够从另一种语言中调用代码。

但是，这种技术存在局限性。如果我们想调用的语言是解释型的或 JIT 编译型的，在这种情况下，解决方案因情况而异。对于 Python，你可以链接到解释器的共享库，并人工解释 Python 程序。对于 Java，具有类似的情况。

在本章中，我们不会探讨调用解释型语言，而只讨论 AOT 编译型语言。然而，还有一个限制，如果你不熟悉 Go 编译器的内部操作原理，则可能会忽略它——并非每种 AOT 编译型语言都具有相同的机器代码格式。

从操作系统的角度来看，每个可执行文件理论上都遵循相同的格式，无论它是从哪种语言编译而来的。事实上，每种语言通常在其二进制文件中都有自己的一套技巧，以使它们实现某种特定行为。这些添加的代码称为该语言的“运行时”，该语言拥有的“运行时”越多，从其他语言调用其代码就越麻烦，反之亦然。

这是因为编译器最终输出的代码并不完全是你编写的代码。可以看到，编译后的机器码建立在某些假设的基础上，这些假设只有在编译后的代码被同一编译器编译的其他代码调用时才成立。以 Swift 为例，当你将一个引用传递给一个类时，Swift 的 ARC 会增加一个引用计数器，以确保它可以跟踪何时需要释放内存。如果将该引用作为指针传递给某些 C 代码，则 C 代码不拥有该指针，并且永远无法确定该内存是否可以安全访问或更改。

正如我们在前几章中已经确定的，Go 有一个非常大的运行时，比 C、Swift 或 Rust 大得多。这是因为 Go 需要处理 Goroutine 以及它们增加的所有负担。因此，将 Go 程序编译成汇编程序时，你可以看到定义的 main 函数甚至不是程序的入口点。Go 程序的入口点实际上位于与之链接的共享库中，其中包含 Go 运行时的大部分后端。然后，共享库初始化运行时，会准备和设置一些内部组件，然后调用 main 函数。当程序退出时，它也是通过这个库退出的。

因此，你不能只是“将 Go 程序链接到共享库并调用这些函数”。在 Go 中调用共享库实际上会导致相对较大的性能损失，至少与其他语言相比是这样的。这种性能损失几乎总是可以通过使用 Gccgo 编译器来消除。

尽管会有性能损失，但从其他语言调用代码通常是值得的，特别是当另一种语言从根本上比 Go 做得更好且你希望通过 Go 代码访问计算结果时。

为了说明这种情况，在本章中，我们将讨论多任务和 Go 与其他 AOT 编译型编程语言之间的互操作方式。

6.2　与 C 代码的互操作

让我们以一个从 Go 调用 C 代码的“Hello, World!”示例开始。首先，让我们看看这个应用程序的纯 C 版本是什么样子的。

代码清单 6.1　一个 C 版本的“Hello World!”程序

```
#include <stdio.h>
int main(){
    printf("Hello, World!\n");
    return 0;
}
```

主要的代码是第 1 行和第 3 行。这些代码会告诉编译器以下事情。

(1) 从操作系统中获取 stdio.h 文件，并将内容粘贴到该文件中。该文件包含许多处理输入和输出的函数声明(不是定义)。然而，因为头文件只告诉代码可以调用哪些函数，而不是它们是如何工作的，所以你仍然需要将这些代码与具有这些函数的库连接起来。stdio.h 文件不需要手动这样做，默认情况下，二进制文件会链接到标准库。

(2) 调用 printf 函数，将一个指向缓冲区的指针传递给它，该缓冲区包含"Hello,World! \n"字符串。

其他三行代码只是为了让 C 编译器编译和运行这些代码而编写的。

为了从 Go 中调用这个代码，我们需要做一些更改。首先，程序的入口点不是来自 C，而是来自 Go，这意味着我们不能在 C 代码中定义 main 函数。相反，我们需要另一个函数，其名称可以任意选择。其次，因为这不是 main 函数，它只需要打印而不需要返回任何东西，所以返回类型可以是 void，在 C 中则表示“什么都没有”。

因此，C 代码可以简化如下。

代码清单 6.2　一个 C 版本的“Hello World!”程序

```
#include <stdio.h>
void printHelloWorld() {
    printf("Hello, World!\n");
}
```

默认情况下，这段C代码不会在任何C编译器中编译和运行，因为它不包含执行文件所需的main函数。但是，如果你使用以下标志进行编译(假设你正在使用Clang或GCC编译器)。

```
-shared -fPIC -o libhelloworld.so
```

你会得到一个名为libhelloworld.so的文件，其中包含前面以共享库格式编译的机器代码。请确保根据你所运行的操作系统更改文件扩展名。

如前所述，这个共享库可以从Go代码中调用，这将使用另一个名为cgo的Go库。使用cgo，你不仅可以根据特定的C头文件编译Go代码并链接预编译的C代码，甚至可以给它提供原始的C代码，并让它将这些代码编译成Go最终生成的可执行文件，这样，从一开始就不需要共享库。

这是我们首先要探讨的。为了使用cgo，你需要像这样导入C包，并在导入之前将所有要运行的C代码作为注释。

```
package main

//#include <stdio.h>
//void printHelloWorld() {
//printf("Hello, World!\n");
//}
import "C"
```

这将使Go导入C模块，然后它将查看前面的注释，并将其视为需要编译成Go可执行文件的C代码。

现在，为了调用这个C函数，你可以仅把它当作C模块中的任何其他函数。

代码清单 6.3　从 Go 中调用 C“Hello World!”程序

```
package main

//#include <stdio.h>
//void printHelloWorld() {
//printf("Hello, World!\n");
//}
import "C"

func main() {
    C.printHelloWorld()
}
```

如果编译并运行该代码，你会得到一个可执行文件，该文件将通过 C 打印“Hello World!”。

既然你已经了解了在不需要库的情况下如何从 Go 调用非常简单的 C 代码，那么让我们来研究一个稍微复杂一点的例子。具体而言，如果你想将变量传递给 C 或使用函数的返回值，该怎么办呢？

我们的第一个障碍是从 C 到 Go 的类型转换，反之亦然。cgo 模块包含一系列类型，例如 C.int(32 位有符号整数)、C.uint(32 位无符号整数)、C.long(64 位有符号整数)等。

最难转换的类型之一是字符串，这是因为从技术上讲，字符串不是一个数据块，它们是由多个称为字符的独立数据块组成的列表(数组)。更糟糕的是，我们认为单个“字符”可能不能由单字节表示，就像表情符号或其他 Unicode 字符一样。

在 C 中，字符串表示为 8 位有符号整数的原始数组，称为 char *(或指向字符缓冲区的指针)。这些字符串中的结束值通常是一个字节，所有位都设置为 OFF(0)，充当“空终止符”，因此称为“空终止字符串”，用来通知字符串缓冲区实际结束的时间，所以我们不需要一直关注缓冲区的长度。

在 Go 中，通过 cgo 的 CString 函数可以很容易地将 Go 字符串转换为 C 字符串。但是，请记住，这会复制支持字符串的内存，如果代码对性能敏感，那么在某些情况下这可能会很糟糕。当你在高级语言之间进行互操作并且有运行时负担时，这是必须付出的代价。

这也意味着，在你使用了自己创建的 C 字符串之后，你需要释放内存并确保它的生命周期不会超过它需要的时间，称为内存泄漏。Go 的垃圾回收器不会处理这个指针，这是因为你创建了它并负责释放它所指向的内存缓冲区。

下面是 CString 函数的签名。

```
func C.CString(string) * C.char
```

现在让我们在 Go 中使用一个稍微复杂一点的 C 函数。具体来说，让我们定义一个函数，它仅接收一个以空值结尾的字符串并将其打印出来。下面是你需要的所有代码。

代码清单 6.4　从 Go 中向 C 传递一个字符指针

```
package main

//#include <stdio.h>
//#include <stdlib.h>
//void printString(char* str) {
//   printf("%s\n", str);
//}
import "C"
import "unsafe"

func main() {
    a := C.CString("This is from Golang")
    C.printString(a)
```

```
    C.free(unsafe.Pointer(a))
}
```

如你所见，程序的逻辑非常简单。首先，我们在导入 cgo 模块之前在注释中实现 C 代码。C 函数仅接收一个字符指针，并将其传递给 printf 函数，同时通过一个格式化字符串告诉它打印字符指针，后跟一个新行。

但是，你需要在 main 函数中做更多的工作。首先要做的事情是将 Go 字符串转换为 C 字符串，这是由 C.CString("This is from Golang") 完成的。然后，将它作为参数传递给 C 函数，就像传递给任何其他 Go 函数一样。

由于是手动管理内存，因此还需要自己释放缓冲区。但是请记住，C 字符串是一个字符指针，而不仅仅是一个泛型指针。C 的 free 函数也需要一个没有附加类型信息的泛型指针。因为 Go 对类型要求是严格的，所以你需要使用 unsafe 模块中的 Pointer 函数来擦除与 C 字符串相关的类型。然后，把它传递给 free 函数就可以了。

必须在 C 代码中包括 stdlib.h，没有这个头文件，就无法释放分配的内存。

如果要运行这段代码，你会看到"this is from Golang"打印到了终端。因此，字符串在内部从 Go 传递到了 C，打印出来，然后释放内存。

获取来自 C 函数的返回值并将其转换回 Go 可以理解的类型也非常简单。例如，如果返回一个字符串(字符指针)，则可以将其转换为 Go 字符串，如下所示。

代码清单 6.5　将 C 字符串转换为 Go 字符串

```
package main

//#include <stdio.h>
```

```
//char * getName(int idx) {
//   if (idx == 1)
//       return "Tanmay Bakshi";
//   if (idx == 2)
//       return "Baheer Kamal";
//   return "Invalid index";
//}
import "C"
import (
    "fmt"
)

func main() {
    cstr := C.getName(C.int(2))
    fmt.Println(C.GoString(cstr))
}
```

在本例中，你不需要释放从C返回的字符指针，因为该值从一开始就没有在堆上分配空间，它只存储在堆栈中。但是，如果缓冲区调用了malloc(1)的结果，则需要free操作。

你应该知道的最后一件事是，你可以指示C编译器编译在注释中插入的代码。因此，如果你想传递一个特定的编译标志，则可以使用CFLAGS参数实现。

假设你正在编写一个函数以判断一个数字是否“丑陋”，即该数的质因数只包括2、3和5。以下是前20个丑陋的数字。

```
1, 2, 3, 4, 5, 6, 8, 9, 10, 12, 15, 16, 18, 20, 24, 25, 27, 30, 32, 36
```

以下是C代码的实现。

代码清单6.6　获取第n个丑陋数字的C代码

```
#include <stdio.h>
```

```
int numberIsUgly(int x) {
    while (x > 1) {
        int y = x;
        while (y %2 == 0)
            y /= 2;
        while (y %3 == 0)
            y /= 3;
        while (y %5 == 0)
            y /= 5;
        if (x == y)
            return 0;
        x = y;
    }
    return 1;
}

void getNthUglyNumber(int n) {
    int i = 0;
    int j = 0;
    while (j <n) {
        i++;
        if (numberIsUgly(i)) {
            j++;
        }
    }
    printf("%d\n", i);
}
```

使用getNthUglyNumber函数就可以获得第n个丑陋的数字。例如,第10个丑陋的数字是12,第20个丑陋的数字是36。这个算法肯定是可以改进的,但我们现在就用这个。

编写以下Go代码来包装C代码。

代码清单6.7 从Go中调用丑陋数字的代码

```
#package main
```

```
//#cgo CFLAGS: -O0
//#include <stdio.h>
//
//int numberIsUgly(int x) {
//    while (x > 1) {
//        int y = x;
//        while (y %2 == 0)
//            y /= 2;
//        while (y %3 == 0)
//            y /= 3;
//        while (y %5 == 0)
//            y /= 5;
//        if (x == y)
//            return 0;
//        x = y;
//    }
//    return 1;
//}
//
//void getNthUglyNumber(int n) {
//    int i = 0;
//    int j = 0;
//    while (j <n) {
//        i++;
//        if (numberIsUgly(i)) {
//            j++;
//        }
//    }
//    printf("%d\n", i);
//}
import "C"

func main() {
    C.getNthUglyNumber(C.int(1000))
}
```

注意，这段代码和我们之前使用 cgo 编写的代码有一个显著的区别，就是在 C 代码的第一行，我们告诉 cgo 使用 CFLAGS 变量将标志

“-O0”传递给 C 编译器，这个标志告诉 C 编译器“坚决不要优化代码！尽可能直接地进行代码到汇编的转换”。

当你运行这段代码时，在安装了 Intel i9 的 MacBook Pro 上找到第 1000 个丑陋数字的过程大约需要 1.7s。这是一段很长的时间！但是，如果要将代码上面的标志从 O0 更改为 Ofast：

```
//#cgo CFLAGS: -Ofast
```

则会看到在同一台机器上执行代码现在只需要大约 0.4s。编译器的优化功能非常强大，使用 CFLAGS 变量可以将任何 GCC 标志传递给编译器。

通过同样的逻辑，你还可以将标志传递给链接器，它负责告诉操作系统你的可执行文件需要从哪个共享库调用代码。

为了测试这一点，需要将以下 C 代码写入名为 factorial.c 的文件中。

```
int factorial(int x) {
    if (x == 1)
        return x;
    return factorial(x -1) * x;
}
```

我们不需要任何 include 或 main 函数，因为我们只是将这段代码编译到一个共享库中，它只调用自己定义的函数，而不调用其他函数。可以使用下面的编译命令：

```
clang factorial.c -shared -fPIC -o libcfactorial.dylib
```

现在应该有一个包含 factorial 函数的二进制机器代码的文件了。为了从 Go 中调用它，以下就是你需要做的。

代码清单 6.8　链接到共享库并从 Go 调用 C 函数

```
package main

//#cgo LDFLAGS: -L. -lcfactorial
//int factorial(int);
import "C"
import "fmt"

func main() {
    fmt.Println(C.factorial(C.int(5)))
}
```

有两行对 cgo 的注释，以下是它们做的事情：

(1) 第一个命令告诉链接器“在编译代码的目录中查找共享库，并链接到一个名为 cfactorial 的库”；库的实际文件名是 libcfactorial，但是链接器会忽略开头的“lib”和最后的“.dylib”；

(2) 第二个命令告诉链接器“我不知道这个函数是怎么工作的，但我知道在程序的某个地方有一个函数叫作 factorial，它返回一个 32 位有符号整数，并接收一个 32 位有符号整数作为参数”。

该函数的实际机器代码已经编译进了我们在前面构建的库中。

编译 Go 代码时不会编译 factorial 函数。在手动运行 clang 命令时，你已经完成了该编译。相反，你可以告诉 Go 链接到预编译版本的 factorial 函数。

当你构建并运行 Go 代码时，它会打印出 5：120 的因子。

现在你已经了解了从 Go 调用 C 的所有基本知识，是时候去学习更复杂的知识了：从 Go 中调用 Swift，并构建一个在现实世界中有意义的实际应用程序。

6.3 与 Swift 的互操作

Go 编译器非常强大。然而，Go 很好地做出了一个非常独特的权衡：编译速度与运行时速度的折中，这样做对用 Go 编写的代码库是有益的。Go 在编译代码方面的速度非常快，但这意味着编译后的代码可能会慢一点，或者使语言的表现能力下降。

大多数情况下，这并不重要，因为 Go 优化器确实很好，但是有一些优化是它所不具备的，但这可能对特定的操作非常有益。例如，尾调用优化（tail call optimizations）在 Go 中不存在。尾调用优化有时可以显著提高递归算法的效率，因为它使得递归调用不需要通过深度递归调用堆栈返回，而是可以返回到原始调用方。

然而，也有一些任务是 Go 非常擅长的，例如并发。也许有人用 Go 写了一个特定的模块，它可以使你的应用程序的某个方面更容易编码。有时，你需要在用另一种语言编写的相同应用程序中使用 Go 的功能，这是在使用 Go 调用另一种高级语言（如 Swift）时非常有用的。

为了证明这种情况确实存在，我们将实现一个应用程序，该应用程序使用特殊的 AI 自动玩《俄罗斯方块》游戏，并在命令行中可视化《俄罗斯方块》游戏的输出。为了理解 Go 和 Swift 之间的交互，我们首先需要了解《俄罗斯方块》游戏，然后深入了解我们将构建的 AI。

你以前肯定玩过或见别人玩过《俄罗斯方块》，简而言之，《俄罗斯方块》是一款经典的游戏，图 6.1 是经典《俄罗斯方块》游戏的截图示例。因为我们在本章中构建的版本是在命令行中运行的，所以它看起来会有所不同。

我们将构建的 AI 采取的具体策略为：

（1）观察正在下落的方块，并确定其在其他块之上的所有可能的最终状态；

(2) 使用加权启发式方法对每个可能的最终状态进行评分，以找出哪一个是“最佳”的，因为它有极大的可能使评分最大化；

(3) 使用路径查找算法找出如何到达终点位置；

(4) 使其移动到最终状态。

图 6.1 《俄罗斯方块》游戏

通过这种方式，使用合适的启发式集合和每个启发式的权重，就可以得到一个擅长玩《俄罗斯方块》游戏的 AI。

以下是我们将实现的启发式方法：

(1) 空洞的数量——在上面的行清除之前，方块中没有填满的空隙；

(2) 开放空洞的数量——没有被其他方块覆盖的方块中的空隙；

(3) 空洞上方的方块——空洞上方的方块数；

(4) 最大行高度——游戏板上一个块的峰值 Y 的位置；

(5) 最后一个块的增加高度——在本次移动中增加的块的峰值 Y 的位置；

(6) 柱数——需要垂直填充的列数；

(7) 最右列的块——最右列中峰值 Y 的位置的块；

(8) 凹凸度——每个相邻列之间的峰值 Y 的位置的累积差。

确定某个状态的“成本”方法是获取所有启发式的值，将它们乘以一个权重，并对加权启发式求和。成本越低，游戏的整体状态就越好。

这给我们带来了下一个挑战：如何才能找到合适的权重？

一种方法是利用你的直觉。例如，我们知道凹凸不平是不好的，空洞也是不好的，但是开放的空洞比封闭的空洞要好，我们想要最小化行高等，以此来猜测一些数字。

以这种方法进行估计是不可扩展的，因为我们不了解每个启发式方法与其他启发式方法相互作用后产生的影响，这就是为什么我们需要一种数学的、自动化的方法来确定权重。

具体来说，代码中实现的解决方案称为协方差矩阵自适应进化策略(CMA-ES)。当有一个不可微的函数，或者求导数对于优化没有意义时，这是一种常用的算法。这就是该场景中的情况——通过《俄罗斯方块》游戏板进行区分是没有意义的，因此，我们使用 CMA-ES 来寻找可能的最佳权重。

算法开始时，每个权重都是 1，这意味着我们只是对启发式的输出求和。你可以想象，这组权重会导致没有多大意义的混乱行为。然而，通过试错优化法，CMA-ES 很快就找到了一个解决方案，可以清除超过 400 万行！此外，优化只需不到 12h 即可完成。

然而，你应该明白的是，以上仅仅是在内存中模拟游戏，并没有 UI 渲染，其中 AI 清除了 400 万行，花费了 4 个多小时。虽然这是一段很长的时间，但它仍比互联网上的其他实现要快得多，这主要是因为：

(1) 它是由 Swift 编写的，因此它是由世界上最好的编译器编译并优化的；

(2) 没有 UI 渲染，游戏完全在内存中进行。

此外，因为优化要求模拟一款完整的游戏，模拟游戏的速度越快，就能越快地找到一组合适的权重，我们就能投入更多时间进行优化，从而得到更好的权重，也就是更好的 AI。

为了更快地模拟游戏，你需要快速实现游戏逻辑本身，这就引出了为什么游戏是用 Swift 实现的——它需要更快的速度。Go 不能实现的小优化加起来会阻碍最终的 AI 发挥其应有的能力。这是一个直接的示例，说明了更好的技术架构最终可以给用户带来更好的体验。

所以，现在你应该明白了为什么 AI 和游戏逻辑是用 Swift 编写的。但是优化器本身呢？它不像其他游戏逻辑那样经常被调用，所以为什么不用 Go 编写呢？答案很简单——不要在如此复杂的事情上做重复工作，已经有成千上万的人投入了大量时间。

已经存在一个 Python 包，你可以非常轻松地通过它使用 CMA 进行优化。实际上，这只是几个函数调用，但这又把我们带回到了本章的开头，我们不是说过不讨论调用解释性语言（如 Python）吗？

是的，我们不会深入探讨 Python 互操作工作的技术细节。然而，Swift 还有一个更令人难以置信的功能——在标准库中内置了一个非常简单和强大的 Python 互操作层。因此，我们可以很容易地在 Swift 代码中使用 Python 包。

代码清单 6.9　从 Swift 调用 Python 代码

```
import PythonKit

let np = Python.import("numpy")

let x = np.array([1, 2, 3])
for i in x {
    print(i)
}
print(x * 2)
```

不幸的是，Go 还不具备这种功能。因此，优化代码也将用 Swift 编写，它将调用 Python 以进行真正的优化工作。

你应该会问“那么，Go 做了什么呢？”。在本例中，Go 将负责为应用程序提供 UI。我们已经在本书中构建了 GUI，现在是时候使用 CLI 或命令行界面了。Go 有一个优秀的库，叫作 tcell，这是 Swift 生态系统中的任何东西都无法比拟的。tcell 库提供了一种非常直观的方式以构建复杂的命令行界面。因此，主要的游戏逻辑将由 Swift 处理，其中一些将从 Python 导入，所有这些都将由 Go 调用。

看到用这些语言编写的所有代码能够共存，是不是很不可思议？

首先，我们需要编写 Swift 代码以真正地玩这个游戏。你可以从 GitHub 仓库中下载这些代码，该仓库包含本书的 Tetris 文件夹下的所有代码。书中没有印刷代码的原因是，代码大约有 700 行！

然而，代码中真正重要的部分是 Go 将要调用的部分，它看起来是这样的：

```
var game = Tetris(width: 10, height: 24)

@_cdecl("nextBestMoves")
public func nextBestMoves() -> UnsafeMutablePointer<Int> {
    var nextMoves = game.nextBestMoves()!.0
    nextMoves.insert(nextMoves.count, at: 0)
    return
        ↪ nextMoves.withUnsafeBufferPointer { ptrToMoves ->
        ↪ UnsafeMutablePointer<Int> in
        let newMemory =
            ↪ UnsafeMutablePointer<Int>.allocate(capacity:
            ↪ nextMoves.count)
        memcpy(newMemory,
            ↪ nextMoves, nextMoves.count *
            ↪ MemoryLayout<Int>.size)
        return newMemory
    }
}

@_cdecl("playMove")
public func playMove(move: Int) {
    switch move {
    case -1:
        game.swapHold()
    case 0:
        game.attemptSpin(clockwise: true)
```

```
    case 2:
        game.attemptSpin(clockwise: false)
    case 4:
        game.horizontalMove(left: false)
    case 5:
        game.horizontalMove(left: true)
    case 6:
        game.down()
    default:
        fatalError()
    }
}

@_cdecl("renderFrame")
public func renderFrame() -> UnsafeMutablePointer<Int> {
    var x = [24, 10] + game.render().reduce([], +)
    x.insert(x.count, at: 0)
    return x.withUnsafeBufferPointer { ptrToMoves ->
        ↪UnsafeMutablePointer<Int> in
        let newMemory =
            ↪UnsafeMutablePointer<Int>.allocate(capacity:
            ↪x.count)
        memcpy(newMemory, x, x.count * MemoryLayout<Int>.size)
        return newMemory
    }
}

@_cdecl("lockGame")
public func lockGame() -> Bool {
    return game.lock()
}

@_cdecl("resetGame")
public func resetGame() {
    game = Tetris(width: 10, height: 24)
}
```

代码的结构很简单，它的设计思想是将其编译为共享库，工作原理是将游戏状态声明为全局变量，并使用函数修改全局状态。这种结构绝对是可以改进的，例如，通过将状态作为指针来回传递，而不是作为全局变量传递。但是，对于这个特定的示例，使用一个全局变量就足够了。

当加载共享库时，全局变量 game 将自动初始化为一个新的方块，其默认宽度和高度分别为 10 和 24。

以下是每个函数所做的事情。

(1) nextBestMoves——该函数获取当前游戏板状态并运行整个 AI 通道以确定下一步的最佳走法。它返回移动的次数，然后将移动本身作为一个数组或整数指针，这是因为返回类型需要与 C 兼容。

(2) playMove——该函数将每次移动作为整数，并在游戏状态下运行该移动。

(3) renderFrame——该函数获取当前的最终游戏板(所有已经落地的方块)和当前正在移动的方块(在空中的方块)，并将它们呈现到一个 2D 数组上，该数组被扁平化并作为整数指针(表示数组)返回。

(4) lockGame——该函数获取通过 playMove 函数移动到当前位置的方块，并修改游戏状态，将该方块移动到最终的游戏板上，清除已形成的任何行，生成一个新的随机方块，检测游戏是否锁定(lock)，并将其作为布尔值返回。

(5) resetGame——该函数通过初始化一个新的方块来重置全局游戏状态。

你可能会注意到，每个函数声明之前都有“@_cdecl”函数修饰符，这是在告诉 Swift“该函数需要在生成的二进制机器码中运行起来像一个 C 函数”。通过这样做，我们可以从 Go 中调用这些函数，就像它们是 C 函数一样，而不管它们在内部使用了哪些 Swift 特性。

要编译 Swift 代码，你可以简单地运行：

```
swiftc TWAI.swift -O -emit-library -o libTWAI.so
```

以下是每个标志的含义。

(1) -O——使用完整的编译器优化,使代码的执行速度尽可能快,而不使用不安全的特性。

(2) -emit-library——不构建一个可执行的二进制文件,而是构建一个其他代码可以动态链接的库。

(3) -o libTWAI.so——输出文件名为 libTWAI.so。

然而,安装 Swift for TensorFlow 编译器(这是我们需要的特定发行版)可能有点烦琐。因此,为了使每个平台的指令保持一致,包含这个示例的 GitHub 仓库也有一个可以构建的 Dockerfile,它将自动处理设置环境并运行代码。

无论如何,一旦构建了库(无论是通过手动还是 Dockerfile),下一步就是在 Go 中实现库的功能。现在我们可以开始编写这个应用程序的 Go 部分了。

首先,你需要做一些 cgo 声明并导入一些模块。

```
package main

//#cgo LDFLAGS: -L. -lTWAI
//long * nextBestMoves();
//void playMove(long move);
//long * renderFrame();
//char lockGame();
//void resetGame();
import "C"
import (
    "fmt"
    "os"
    "reflect"
    "time"
```

```
    "unsafe"
    "github.com/gdamore/tcell/v2"
)
```

当我们分析这段代码时，也要记住，将 cgo 导入与其他导入分开是很重要的，因为这是查看前面包含的 C 代码注释的唯一方法。

cgo 的第一个指令是告诉链接器它需要链接到一个名为 TWAI 的库，这表示在 Linux 上共享库文件的名称将是 libTWAI.so。

然后，声明共享库中的函数，我们打算从 Go 代码中调用这些函数。正如你所看到的，Swift 类型已经翻译成对应的 C 类型。UnsafeMutablePointer <Int>类型变为 long *，Bool 类型变为 char。

除此之外，我们还导入了几个对其余代码很重要的模块，例如用于 CLI 的 Tcell。

现在让我们构建一些辅助函数，这样我们就可以更容易地从 Go 代码中调用 Swift 代码了。这一点非常重要，因为我们处理的是缓冲区和数组之类的东西，所以需要更加小心。

让我们从简单的 playNextMove 函数开始。

```
func playNextMove(move int) {
    nextMove := C.long(move)
    C.playMove(nextMove)
}
```

正如你所看到的，逻辑非常简单。我们将 move 作为一个整数，通过 C.long 对其进行强制类型转换，并将其传递给函数。没有指针，没有返回值，也没有乱七八糟的东西。

nextBestMoves 函数是这样的：

```
func nextBestMoves() []int {
    moves := C.nextBestMoves()
```

```
    size := int(*moves)
    p := uintptr(unsafe.Pointer(moves)) + unsafe.Sizeof(size)
    sh := &reflect.SliceHeader{Data: p, Len: size, Cap: size}
    return *(*[]int)(unsafe.Pointer(sh))
}
```

这看起来很奇怪，但一旦你深入研究，就会发现它很有意思，让我们从第3行语句开始分析。

要理解这一行的作用，理解 nextBestMoves 的输出是很重要的。如前所述，该函数输出的是将当前下落方块移动到应该到达的位置所需的移动，这组移动从要移动的步数开始，这样我们就可以知道缓冲区中有多少个元素。因此，在第3行语句中，我们只对从函数返回的缓冲区的开头进行解引用，并将其转换为 Go 整数。

之后，我们需要找到从数组实际内容开始的指针地址，这是因为我们已经查看了数组的大小。这样做很简单——对从函数中得到的指针地址增加我们已经查看过的字节数。为此，我们将指针强制转换为 uintptr，然后将已经解引用的 size 变量的字节数增加一倍。

从技术上讲，我们已经知道 size 是8字节，因为它是一个 long 或 64-bit integer，但为了方便，我们仍然调用 Sizeof 来动态获取 size 的大小。

然后，我们有了缓冲区的指针地址。为了将其转换为 Go 中的整型数组，我们使用 reflect 包中的 SliceHeader 函数，这将获取指针以及数组本身的长度和缓冲区的总容量，并将其转换为切片(slice)或数组。我们将引用存储到该返回结果中。

最后，这个函数的返回值一开始可能看起来很令人困惑，但把它分解后，就很容易理解了。

```
return *(*[]int)(unsafe.Pointer(sh))
```

基本上，我们是告诉 Go"获取 sh 变量，将其传递给 Pointer 函数，获取结果，将其强制转换为指向整型数组的指针，然后对指针解引用并返回整型数组"。你可以这样分解它：

```
return return the following expression's value
    * dereference the following pointer
    (* []int) cast the following value to this type
        (unsafe.Pointer(sh)) take the result of
            Pointer(sh)
```

最后，还有一个 renderFrame 函数：

```
type Frame struct {
    board []int
    width int
    height int
}

func renderFrame() Frame {
    moves := C.renderFrame()
    size := int(*moves) -2
    height := uintptr(unsafe.Pointer(moves)) +
        ↳unsafe.Sizeof(size)
    width := uintptr(unsafe.Pointer(moves)) +
        ↳unsafe.Sizeof(size) * 2
    p := uintptr(unsafe.Pointer(moves)) + unsafe.Sizeof(size) * 3
    sh := &reflect.SliceHeader{Data: p, Len: size, Cap: size}

    return Frame{
        board: *(*[]int)(unsafe.Pointer(sh)),
        width: *(*int)(unsafe.Pointer(width)),
        height: *(*int)(unsafe.Pointer(height)),
    }
}
```

除了该函数之外，我们还声明了一个新的 Frame 结构体，用于将游戏板存储为一个一维数组,其中包含游戏板的宽度和高度。

在函数中,有一个与 nextBestMoves 非常相似的机制。在本例中,虽然 Swift renderFrame 函数的返回值只是一个一维数组,但它以 3 个整数开始,包括其他两个整数在内的总缓冲区的大小,以及游戏板的高度和宽度。

renderFrame 将首先计算游戏板的大小,不包括其他两个整数,然后将指针增加两次,每次增加一个整数的大小,以获得指向高度和宽度的指针。

然后,通过再次增加指针,我们获得了指向实际值数组的指针,然后通过非常类似的机制将其提供给 nextBestMoves 函数。

最后从函数返回 Frame。

这就是这个应用程序的全部内容。我们知道它的某些部分——尤其是处理内存、指针和缓冲区的部分——有点复杂,但最终结果确实是不错的。如果你要克隆 GitHub 仓库并进入俄罗斯方块文件夹,可以运行以下两个命令:

```
docker build --tag block_ai:1.0 .
docker run -it block_ai:1.0
```

你会看到你的终端变成了一个《俄罗斯方块》游戏! 多棒啊!

main 函数太长了,大概有 100 行代码,因此不在本书中对它进行研究。但是,所有这些逻辑都是你已经学过的东西,代码也有很清晰的注释,因此你可以自行深入研究存储库本身的代码。

通过该示例,你应该能够启动并运行 Go 和其他语言之间的互操作。现在,你可以将这些知识用于调用通过其他语言编写的代码,以及将来基于特定条件编写的代码。

至此,我们就结束了 Go 编程语言的学习之旅。你不仅只是弄湿了脚趾,还游了一遍泳。而这仅仅只是开始!还有很多东西需要去做,还有很多东西需要去构建。现在,你应该能够使用 Go 构建各种简单和中等难度的应用程序了,包括命令行应用程序以及由 CLI 和 GUI 支持的应用程序。